懒人植物园

多肉植物、
空气凤梨、观叶植物
设计手册

「日」 胜地末子 编著
程　亮 译

中国水利水电出版社
www.waterpub.com.cn

contents

[关于本书使用的植物名称]

植物名称使用常用名，后面用（ ）标注别名或品种名。在多肉植物的混栽、多肉植物图鉴、以观叶植物为主的雅致混栽等章节，常用名后用 [ ] 标注拉丁文学名。部分品种名后用（ ）标注英文名称。

前 言

直到几年前，一提起"园艺"，人们还认为那是贵妇人在庭院或阳台里摆弄花草的高雅爱好，但近年来，越来越多时尚的年轻人开始意识到"植物装饰"的乐趣，正在逐渐将花卉和观叶植物用于室内装饰，尤其是造型奇特的多肉植物和空气凤梨，在各地商店均有销售，因而光顾"Buriki no Zyoro"的男性顾客也在日渐增多。

本书即以这些植物爱好者为对象，主要围绕观叶植物，介绍大量陈设创意。
例如，使用喂鸟器栽种新奇植物、选择枝形吊灯作为容器、使用干花设计造型……
使用不同的容器栽种观叶植物，得到的观感也不一样。每当我发现一样有趣的容器，就喜欢思考这个容器适合搭配哪种观叶植物。通过与其他植物或日用品的巧妙搭配，既能充分体现植物自身的天然美感，又能从中衍生出令人眼前一亮的全新观感，无疑会带来出乎意料的喜悦。
我衷心希望诸位读者也能体验到那种难以言表的激动和喜悦。

书中介绍的若干设计创意貌似很难，其实无需任何复杂的技术，只要参照图示备好类似的容器和合适的植物，所有人都能轻松掌握。
另外，出于我的个人喜好，书中收录的设计创意均可自由发挥。有些人可能学过传统的种植经验，比如在混栽时，"高的花要种在中间，矮的花要种在周围，这样可以确保日照均匀。"然而在我看来，这些琐碎细节大可不必在意，完全可以自由发挥，让每株植物和花盆赏心悦目才是最重要的。
当您发自内心地觉得植物"漂亮"、"有趣"、"可爱"时，您就开始了与植物的相亲相爱。

希望本书能够拉近您与植物之间的距离。
本书能够面世，也是我的荣幸。

「Buriki no Zyoro」店主
胜地末子

PART: 1

观 叶 植 物
搭 配 日 用 品

从玻璃瓶到搪瓷壶，从木箱到烛台……只要是喜欢的日用品，都可以灵活地用来栽种观叶植物。

如果是无需土壤的空气凤梨或干花，可供搭配的日用品就更多样了。

许多不起眼的日用品，都能使观叶植物显得更加独特时尚。

使用各种日用品
栽种观叶植物

人们通常认为，切花很容易用各种容器来搭配，而需要扎根生长的观叶植物，就只能使用花盆栽种。但实际上，只要能够理解植物的特性，根据容器选择合适的植物，很多日用品都是可以代替花盆的。

您不妨多花些心思，找找适合自家室内装饰的日用品与合适的观叶植物。

白铁皮＆铁丝容器

由白铁皮或铁丝制成的日用品，适合怀旧、自然、阳刚等多种室内装饰风格。即使放在室外变得锈迹斑斑，也会散发出独特的韵味和魅力。

idea 1

锈迹斑斑的白铁皮喂鸟器，也是一道独特的风景

由白铁皮制成的日用品即使变得锈迹斑斑，也是一道独特的风景，因此完全不用挡风遮雨，大可放在门口的露天场所。喂鸟器的造型丰富多样，可根据个人喜好随意选择。图示是在放饵料的位置栽种了一圈亮黄绿色的爱尔兰苔藓。

▶ 花材：吊竹梅、爱尔兰苔藓
▶ 花器：白铁皮喂鸟器
　　　　（直径25cm,高28cm）

idea 2

使用带盖的铁丝篮，
凸显小叶观叶植物的可爱

小铁丝篮搭配椒草。长势旺盛的椒草常常探出篮外，此时可插根小树枝顶住篮盖。这种陈设能够营造可爱的氛围，同样适合栽种开小花的观叶植物。

▶ 花材：椒草、白发藓
▶ 花器：铁丝篮（直径11cm，高15cm）

idea 3

阳光青春的吊篮

吊篮的风格原本偏于浪漫，但若在其中栽种奇特的食虫植物猪笼草，就会显得非常阳光青春。只要在窗边或门口挂上一篮，就能使整个室内装饰别具特色。种植前应先在篮内铺入白发藓。

▶ 花材：猪笼草（雷公壶）、白发藓
▶ 花器：铁丝篮（直径17cm，高28cm）

idea 4

使用椰子纤维，
营造热带风情

用铁丝篮栽种观叶植物时，应先在篮内铺入椰子纤维、麻布或苔藓，然后再填土。需要注意的是，椰子纤维会被水和土壤的重量压薄，因此应多铺一些。篮内中央可栽种原产于热带的凤尾蕨，其光鲜亮丽的叶片洋溢着浓郁的热带风情，只需一篮，就能为亚洲风格的室内装饰锦上添花。

▶ 花材：凤尾蕨、椒草"米凯丽娜[*Miqueliana*]"、串钱藤、流苏树、原种常春藤叶仙客来、椰子纤维
▶ 花器：铁丝篮（宽27cm，高22cm）

玻璃容器

玻璃容器能够很好地反射光线，营造明亮清爽的氛围。建议您灵活利用玻璃容器内部透明可见的特点，在根部造型和土壤润泽度上多下功夫。

idea 5

悬挂捕虫瓶，
打造画廊般的艺术空间

用来采集昆虫的捕虫瓶是一种个性十足的玻璃瓶，无论悬挂还是摆放，都是一道美丽的风景。捕虫瓶口部狭小，栽种植物前应先用小镊子填入白发藓。可选择婴儿泪等外观蓬松的观叶植物，搭配起来十分可爱。

▶ 花材：婴儿泪、疏叶卷柏、卷柏、白发藓
▶ 花器：捕虫瓶（直径15，高18cm）

捕虫瓶底部直径为15cm，瓶身中部开孔。

idea 6

使用玻璃缸栽种植物，
留出余白，
打造气质独特的小空间

选择大型玻璃容器，填入色泽漆黑、通气性佳的富士砂，种植乱子草和叶呈银色的冷水花"艾伦（Ellen）"。富士砂保水性极佳，还能抑制各种细菌的繁殖，可防止水质腐败，植物也不易烂根。

▶ 花材：乱子草、冷水花"艾伦"
▶ 花器：玻璃缸（直径36cm，高36cm）

idea 7

使用高药瓶，
欣赏茎和土壤

玻璃瓶的一大优点就是内部透明可见。使用高药瓶栽种茎直立伸长的球根植物时，应先在瓶底铺入白发藓至瓶身高度的四分之一，显得整体平衡。

▶ 花材：花韭、雪片莲、白发藓
▶ 花器：药瓶（直径11cm，30cm）

▶ 花材：（前）椒草"伊莎贝拉（Izabella）"、（后）青蛙藤、（右）聚钱藤
▶ 花器：（前）圣代杯（宽20cm，深8cm）、（后）冰淇淋杯（直径9cm）、（右）迷你巴菲杯（直径8cm）

idea 8

使餐桌显得水润灵动的
巴菲杯

用巴菲杯、冰淇淋杯等造型凝练的玻璃餐具栽种椒草等耐阴的观叶多肉植物。在餐桌上摆放得越多越热闹，就算只放几个，同样妙趣横生。

idea 9

使用小玻璃瓶水培多肉植物，
打造热闹有趣的厨房柜面

用小玻璃瓶水培长势旺盛的仙人掌、酷似瓶盖的圆头多肉植物等，摆放在厨房柜面或窗边，依靠引人注目的独特外形，迅速营造热闹有趣的轻松氛围。

▶ 花材：（从左到右）白檀仙人掌、黄彩玉仙人球、高砂仙人球、耶路撒冷仙人球、白檀仙人掌、金晃仙人球
▶ 花器：各种玻璃瓶（直径10cm左右）

搪瓷 & 木质容器

搪瓷和木质容器都非常适合追求自然的室内装饰风格。稍显古朴的搪瓷或木质容器能为简约时尚的室内装饰锦上添花。

idea 10

使用搪瓷容器，打造厨房花园

搪瓷壶罐适合任何风格的厨房，可用其栽种欧芹或珊瑚礁。通常底部无孔，应先放入根部防腐剂后再填土。收获后享用美味，别有一番乐趣。

▶ 花材：（左后）雪维菜、（右）细香葱、（前）甜菜
▶ 花器：（左后）壶（直径11cm，高30cm）、（右）壶（直径15cm，高32cm）、（前）饼干罐（直径25cm，高10cm）

idea 11

使用木箱栽种，打造微缩景观

用来装红酒或蔬菜的木箱朴素自然，使用时间越久越有韵味，可搭配所有观叶植物。不妨用其栽种三叶草等风格质朴的观叶植物，放在阳台、檐下等半露天场所，打造微缩景观。

▶ 花材：椒草"牛津（ Oxford ）"、堇菜、三叶草、南芥
▶ 花器：木箱（长75cm×宽50cm×高17cm）

idea 12

在门口种植
澳洲灌木

澳洲拥有数量众多的奇特植物，如花呈球状或圆筒状的班克木、花色艳黄的金合欢等。多为常绿灌木，可供全年观赏，视觉冲击也很强烈。可使用复古风格的大白铁皮罐栽种，剪枝后用作室内装饰，极具怀旧风格。

▶ 花材：帝王花、银桦"希尔斯禧年（Hills Jubilee）"、新娘花、高氏银桦[*Grevillea gaudichaudii*]、风轮花
▶ 花器：白铁皮罐（直径60cm，高60cm）

**使用合适的
工具装饰特定场所**

您不妨选择合适的工具装饰特定场所，如使用木板、铁丝制成的日用品、栅栏等工具，装饰墙壁、天花板等场所，有助于拓宽思路，进一步享受观叶植物的乐趣。

▶ 花材：丝苇
▶ 工具：铁栅栏（宽100cm，高50cm）

▶ 花材：蝙蝠蕨、苔藓球
▶ 工具：铁灯罩
　（直径40cm，高20cm）

idea 13

使用复古风格的迷你温室，栽种蝙蝠蕨装饰墙壁

蝙蝠蕨是附生在其他树木树干上的蕨类植物，将其种植在苔藓球上，即可实现多种陈设创意。图示是将迷你温室的玻璃盖固定在墙上，再将蝙蝠蕨挂在拆走玻璃的位置。

idea 14

使用格子栅栏，营建悬挂空间

将铁栅栏搭在二楼楼梯的转角，即可营造可供悬挂的空间。为了突出从高处垂下的美感，建议搭配叶片动感十足的丝苇植物。请用铁丝牢牢固定，防止掉落。

▶ 花材：红雀珊瑚
▶ 工具：旧木料（宽28cm，高160cm）

idea 15

使用旧木料靠墙搭立

将旧木料、脚手架材料等气质独特的木材靠墙搭立，成为第二墙壁。花盆的摆放随心所欲，既可打钉悬挂，也能放在小架子上。为了配合木材的质朴风格，建议选择红雀珊瑚或空气凤梨。

idea 16

使用铁丝筐，实现壁画效果

用挂钩将约15cm深的铁丝筐挂在墙上，作为小型陈列架，既可摆放日用品或书籍，也能装饰蔓生观叶植物。

▶ 花材：丝苇
▶ 工具：铁丝筐
（宽25cm，深35cm，高20cm）

idea 17

使用复古柜子，
打造植物公寓

您不妨尝试将盆栽整个放在柜子或抽屉里，并把叶子藏入其中。这样的植物公寓既可放在卧室，也能装饰客厅。此外，直接把抽屉拉出摆放也很时尚。

▶ 花材：丝苇（上）、钱串景天（正中抽屉）、银桦（左抽屉）、龙须草（右下抽屉）
▶ 工具：柜子（长180cm，宽30cm，高70cm）

idea 18

与日式空间完美融合的
铁锈色大盘子

使用暗铁锈色大盘子而非箱型花器栽种
色泽鲜艳的朱顶红，能使植物也给人以
清冷的印象，不仅适合复古风格的房间，
与日式空间也能完美融合。

▶ 花材：朱顶红
▶ 花器：铁锈色大盘子(直径80cm)

利用工具营造高度

使用足够高的工具，就能把植物放在与人眼同高的位置，从而成为焦点。搭配蔓生植物或叶片长势旺盛的植物，就能灵活发挥特点，营造全新氛围。

idea 20

使用土豆架，摆放四面扩张的鱼骨令箭

土豆架是收获土豆时用来挂麻袋的架子，高度约为130cm，建议搭配四面扩张的鱼骨令箭，能够凸显动态效果。可放在客厅的沙发旁，定能吸引客人的目光。

▶ 花材：鱼骨令箭
▶ 工具：土豆架（直径78cm，高130cm）

idea 19

伸长的茎优雅悬垂

将茎紧贴地面生长的匍匐性观叶植物放在足够高的烛台上，使茎向下悬垂，营造浪漫氛围。这种陈设占用空间小，可放在楼梯平台或墙角。

▶ 花材：金叶喜林芋
▶ 工具：烛台（直径16cm，高145cm）

▶ 花材：红雀珊瑚、醉龙
▶ 花器：陶瓷花盆（长24cm，宽24cm，高77cm）

idea 21

时尚的
观叶植物柱

使用竖长的黑色花盆和铁锈色的铁支杆，搭建高度超过2m的观叶植物柱。花盆和支杆统一为暗色调，即可营造时尚观感。铁支杆可在日用品中心的材料卖场购买，建议截成1.5m长。

idea 22

透过玻璃花瓶
观赏根部

将根部动感十足的蝴蝶兰放入较高的玻璃花瓶，突出根部的观赏价值，足以成为客厅里的焦点，令人百看不厌。蝴蝶兰为附生植物，无须在土里扎根，只要用喷雾器及时浇水，就能一直观赏直到花败。

▶ 花材：蝴蝶兰
▶ 花器：玻璃花瓶（直径21cm，高56cm）

idea 23

凸显量天尺的
独特气质

用圆润颀长的陶瓷花盆栽种量天尺，植株下垂，犹如戴着一顶轻柔的帽子，柔软的茎部呈现阴柔的线条，充满魅力。再用矮小的花盆种植胖乎乎的鲨鱼掌，两个花盆相映成趣。

▶ 花材：量天尺、鲨鱼掌
▶ 花器：大陶瓷花盆（直径22cm，高60cm）、小陶瓷花盆（直径24cm，高28cm）

以空气凤梨为主的特色陈设

空气凤梨依靠吸收空气中的水分生长，
无需土壤，可与诸多日用品轻松搭配，
成为造型凝练的立体美术品，定能激发
创作热情。

●空气凤梨的护理
空气凤梨并非完全不需要水。春、秋两季是空气凤
梨的生长期，应每周用喷雾器喷水1～2次。浇水的
最佳时间并非清晨，而是黄昏至入夜之间。此外，
每月应用室温的水浸泡植物1～2次，每次4～8小时。
应放在通风良好、无直射阳光的场所。

idea 1

像沙拉一样盛装
在果盘里

在玻璃果盘里先铺入叶片很细的松萝凤
梨，再放上有立体感的植物，犹如清凉
的沙拉。这种陈设非常适合装饰餐厅。

▶ 空气凤梨：松萝凤梨（老人须）空气凤梨"毒
药 [*Latifolia*]"
▶ 花器：玻璃果盘（直径25cm）

idea 2

为干花花环赋予动感，提升形象。

干叶编制的花环搭配空气凤梨，凸显鲜活植物的灵动。选择叶片弯曲生长的空气凤梨 "贝利艺 [*Baileyi*]" 等空气凤梨，能够营造生机勃勃的氛围。

▶ 空气凤梨：空气凤梨 "贝利艺 [*Baileyi*]"、空气凤梨 "章鱼 [*Bulbosa*]"

idea 3

尝试立体美术品般的独特造型

如果是根部粗糙杂乱而显得别有韵味的大株品种，不妨倒置，观赏有趣的根部。可放在烛台等较高的台架上，成为引人注目的焦点。

▶ 空气凤梨：空气凤梨 "霸王 [*Xerographica*]"、松萝凤梨(老人须)
▶ 花器：复古烛台(高60cm)

使用石质花盆栽种空气凤梨，实现雕塑般的视觉效果

高脚杯型石质花盆充满复古气息，统一栽种空气凤梨 "犀牛角 [*Seleriana*]" 等叶呈银白色的空气凤梨品种，即可营造出洗练成熟的氛围。

▶ 空气凤梨：空气凤梨 "犀牛角 [*Seleriana*]"
▶ 花器：高脚杯型石质花盆(直径11cm)

idea 5

悬挂小株植物，
宛如随风摇曳的绿色风铃

将小株空气凤梨的茎蔓扎成环状，再用细绳轻轻系住根部吊起，就成了一个洋溢自然气息的风铃。还可直接放在枝条空隙间，也会显得十分可爱。

▶ 空气凤梨：空气凤梨 "贝吉 [Bergeri]"、空气凤梨 "宝石 [Andreana]"、松萝凤梨（老人须） 空气凤梨 "棉花糖(Cotton Candy)"

idea 6

团在一起的藤蔓
犹如鸟巢

将亮褐色的藤蔓团成圆球状，再缠以亮绿色的空气凤梨，控制在较小尺寸即可随意摆放，特别适合自然风格的室内装饰。

▶ 空气凤梨：空气凤梨 "精灵 [Ionantha]"、空气凤梨 "血滴子 [Espinosae]"、空气凤梨 "虎斑 [Butzii]"

idea 7

使用烛台
装饰壁龛等场所

在空间较小的缝隙等位置，不妨摆放若干烛台，搭配形状
和大小各异的空气凤梨。关键在于要散乱排列，朝向各异，
如此反而显得平衡。

▶ 空气凤梨：空气凤梨"贝利艺 [*Baileyi*]"、
空气凤梨"章鱼 [*Bulbosa*]"
▶ 花器：木质烛台(高18cm左右)

▶ 空气凤梨：空气凤梨 "霸王 [*Xerographica*]"
▶ 花器：石框(宽 20cm，高 38cm)

idea 8

使用银叶空气凤梨，
装饰法式风格房间

法式风格的室内装饰以白色或单色为主，而银叶空气凤梨恰好能够抑制绿色，因此非常合适。建议选择空气凤梨"剑叶
[*Xiphioides*]"、空气凤梨"霸王 [*Xerographica*]"等品种。

idea 9

生机勃勃的
绿色立体美术品

将粗大的枝条吊在天花板上，上面悬挂松萝凤梨等叶片茂密蓬松的空气凤梨，随风轻摇，在房间里创造出一片小森林，同时也是赏心悦目的立体美术品。

▶ 空气凤梨：松萝凤梨(老人须)、空气凤梨"树猴 [Duratii]"

idea 10

作为室内装饰的同时，
享受分株、 开花的乐趣

空气凤梨原本附生于树木或岩石上，只要用铁丝或细绳将其妥善固定在流木或软木树皮上，植株就会生长进而分株，有些品种还能开花。因此，在作为室内装饰的同时，还能享受分株、开花的乐趣。

▶ 空气凤梨：松萝凤梨(老人须)、空气凤梨"贝吉 [Bergeri]"
▶ 花器：复古栅栏(高150cm，宽40cm)、旧木料

idea 11

散发成熟韵味的
胸花和头冠

相较于鲜花，用空气凤梨制成的胸花和头冠更具成熟韵味。以洋常春藤的干果为重点，用美丽的小株空气凤梨"红三色 [*Juncifolia*] "呈现优雅曲线。

▶ 空气凤梨：空气凤梨"红三色 [*Juncifolia*] "、空气凤梨"小白毛 [*Velickiana*]"、空气凤梨"粉被 [*Pruinosa*]"、空气凤梨"海胆 [*Fuchsii*]"

idea 12

空中悬浮的
宁静风格

用细绳将空气凤梨和动感十足的树枝一同吊起，实现空中悬浮的视觉效果。建议选择叶子呈同心圆状生长的圆形空气凤梨，其独一无二的姿态定能令人会心一笑。

▶ 空气凤梨：空气凤梨"赛德莲娜 [*Seideliana*] "

使 用 干 花 的 特 色 陈 设

可能有很多人觉得 "干花" 这个词显得过于浪漫， 但实际上不止是花， 以干燥的叶、 蔓、 果实等为主的装饰， 也很适合雅致的室内装饰风格， 如今备受瞩目， 在要求个性的空间设计中定能助您一臂之力。

本章还将介绍如何在照明中使用干花。

● 干花的基础知识

在通风良好、无直射阳光的干燥室内，将茎捆扎后倒挂起来自然风干是最简单的传统做法。花最好是在彻底盛开之前开始风干，果实、花穗等应在未成熟时开始风干，枝条可正常放置，无须倒挂。

idea 1

大胆利用大号藤蔓，
营造典雅氛围

用东北雷公藤和葡萄蔓编成大圆环，将绿意尚存的蓬松的蔓九节绑在上面，再点缀几朵白色的蔷薇和石头花，通过统一并控制颜色种类，即可营造典雅氛围。

▶ 花材：东北雷公藤、葡萄（蔓）绣球、蔷薇、石头花、日本女贞、刺芹、蔓九节

idea 2

将画框
变成艺术品

复古风格的装饰画框与现代风格的房间也能完美搭配。用干花取代图画或照片，将空画框变成一件艺术品。图中左侧为制成干花的绣球，不会褪色；右侧为剪短后扎在一起制成干花的含羞草。

▶ 花材：绣球、桉树、含羞草

idea 3

通过微妙光线，
营造梦幻空间

用干花装饰简易吊灯，即可制成光线优美的枝形吊灯。使用40W以下的灯泡较为安全。将龙爪柳在简易吊灯上缠绕成形，再挂上几个猪笼草的小果实即可。

▶ 花材：桉树、龙爪柳、猪笼草（以上均为干花）、松萝凤梨

idea 5

在白色墙壁上悬挂十字架吊饰，形成强烈的视觉冲击

复古风格的木质十字架吊饰是一种很实用的日用品，挂在任何地方都很适合。将雀瓜的蔓和果实绑在十字部位，使蔓自然下垂，显得格外美丽。

▶ 花材：鸡矢藤、龙爪柳、绣球、雀瓜
▶ 花器：十字架吊饰（宽34cm，高71cm）

idea 4

装饰天花板的
干花枝形吊灯

干花很轻，用图钉和铁丝就能挂在天花板上。将龙爪柳的藤制成直径约50cm的大圆环，再挂上喜爱的干花，使其下垂呈流苏状。图示为刀豆的果实。

▶ 花材：龙爪柳（藤）、木通（藤）、刀豆（果实）、绣球、星蕨

idea 6

状似头冠的
花环门饰

用细绳将白蔷薇的花、叶及大丽花等绑在风格自然的酒椰叶上。如图所示，将酒椰叶打结，制成花环门饰。漂亮的蝴蝶结宛如甜美的少女。

▶ 花材：大丽花、蔷薇、刺芹、银叶菊、疏叶卷柏、绣球、柠檬叶、桉树

idea 7

随便悬吊的
干花束

干花束上只留少许花，显得雅致，再将枝条打乱，能够凸显动感。放入质朴的铁丝篮里，挂在任何地方都显得韵味十足。

▶ 花材：橄榄、龙爪柳、含羞草、天门冬、微型月季"绿冰（Green Ice）"
▶ 花器：铁丝篮（直径32cm，高18cm）

idea 8

攀附在窗框上，
营造浪漫氛围

装饰窗框或墙边的架子时，可用粗铁丝将干花捆扎成束，再弄成弯曲的形状，动感十足，非常漂亮。若用铁丝做芯，则能随意改变形状，方便装饰不同场所。

[材料]

□ 班克木（干叶）……事先剪成约20cm长

□ 含羞草＜银荆＞（干花）……事先剪成约20cm长

□ 多花桉（干叶和干果）……事先剪成约20cm长

how to

① 将班克木的叶和桉树的叶并在一起。

② 加上含羞草的花，用铁丝在基部捆成一束。

③ 在②的花束基部加入适量班克木、桉树、含羞草，并在纵向上彼此错开，再用铁丝捆扎。重复这一步骤，花束就会越来越长，直至最后大功告成。

idea 9

使用保鲜花制成的 可爱垂饰

保鲜花不同于干花，具有水润质感，搭配干叶更显美丽，而且白色绣球在制成保鲜花的过程中会变得愈发洁白剔透。适合挂在墙壁或门上用作垂饰。

[材料]

□ 多花桉(干叶)……仅将从茎上摘下的叶制成干叶。

□ 绣球(保鲜花)……事先用保鲜脱色液去色，干燥后分成若干小份。

保鲜花通常是将鲜花浸泡在专用溶液中脱水、脱色，再用染色液染成喜欢的颜色，最后干燥而成。本例则是在脱色后直接使用，不再染色。

how to

① 用铁丝将两片桉树叶串在一起。

② 取一份绣球花放在桉树叶上，用铁丝捆绑花茎。

③ 再取一份绣球花，反向放在与②的绣球花相对的位置，用铁丝捆绑花茎，然后继续串连桉树叶。

④ 按照2片叶、2份花的顺序，重复①～③的步骤，直至最后连成一长串。

idea 10

从花隙间透出微光，
丰富卧室的情调

将喜欢的干花大量插在复古花盆里，再用迷你灯泡点缀其间，形成柔光间接照明。即使关掉电源也很漂亮，足以在卧室里献上一场华丽的演出。

[材料]

A.黑种草的干果……准备黑种草等能够透光的气球状果实。倒地铃、气球花等亦可。
B.喜欢的干花……事先将茎剪短。本例准备的是蔷薇、绣球和马蹄莲。
C.喜欢的干叶和干果……事先将茎剪短。本例准备的是蔷薇和马蹄莲。

□ 高脚杯型花盆……用作整体底座。也可使用其他物品，前提是底部开孔。

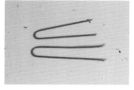

□ U形针……用于插花(约10根)。也可用铁丝代替。

□ 迷你灯泡……直径4~5mm的小灯泡10~15个。

□ 插座……用来点亮迷你灯泡。

□ 花泥(吸水海绵)……事先剪成花盆大小。

how to

① 将迷你灯泡与插座连接，通过盆底孔伸出。

② 将连接迷你灯泡的电线完全拽出，再把花泥塞入花盆。

③ 将干叶、干花、干果均匀地插在花泥上。关键是要让叶匍匐在花盆边缘，花应从大朵开始插放。

④ 整形后放上气球状果实，完成插花。放果实的位置负责透光，因此应在各个方向上确保分布均匀。

⑤ 将迷你灯泡布置在花草周围，并使其嵌在黑种草的果实里。

⑥ 将电线塞进花草里隐藏起来，最后用U形针固定。

idea 11

柔光映照楼梯和
走廊的猪笼草灯

形似袜子的猪笼草果实发出柔光，视觉效果独一无二。建议购买天然木材、经过做旧加工的木材等风格相宜的板材尝试制作，能够营造质朴氛围。

除猪笼草外，也可使用气球状果实（如酸浆、倒地铃、黑种草等）。

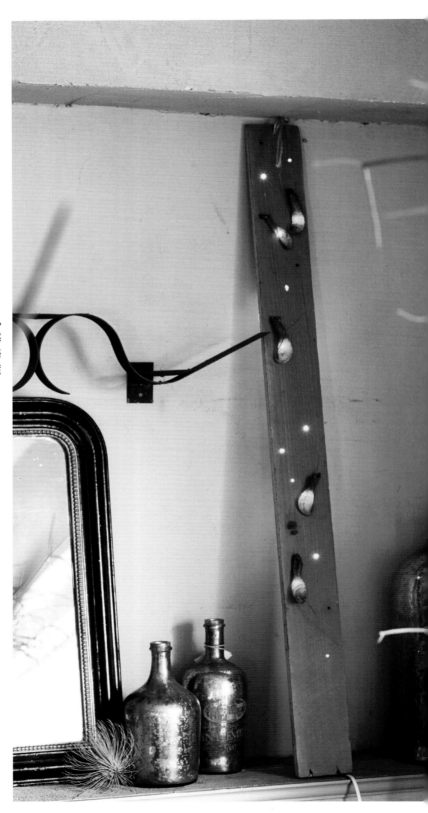

[材料]

□ 猪笼草的干果……选择可爱的小型果实，事先制成干果。

□ 木板……尺寸约为120cm×10cm。也可依个人喜好选择材质和大小。

□ 迷你灯泡……直径4~5mm的小灯泡10~15个。

□ 插座……用来点亮迷你灯泡。

how to

① 将猪笼草放在木板上，考虑如何布局。确定猪笼草位置的关键在于要配合迷你灯泡的间距。

② 用铅笔标出摆放猪笼草的位置，用电钻等工具在木板上打孔，用来嵌入迷你灯泡。在不放猪笼草的位置，也要根据迷你灯泡的间距，适当打几个孔。

③ 如图所示，从木板背面通过②打的孔嵌入迷你灯泡，再用玻璃纸胶带固定电线。

④ 用锥子等工具在猪笼草上穿孔，以便透光。

⑤ 将迷你灯泡塞入猪笼草，用黏合剂固定在木板上。猪笼草的朝向随意，只要确保整体平衡即可。最后将迷你灯泡与插座连接。

优 质 绿 色 生 活
My Green Life

经常光顾 "Buriki no Zyoro" 的观叶植物爱好者们，

在自己家中是如何享受绿色生活的呢？

他们是怎样布局的？在哪里陈设？如何与植物沟通？

下面就来看看他们的优质绿色生活。

My Green Life { 1 }

My Green Life { 1 }

Wish古玩店店主

丰田hiro

通过自然、
复古的风格达成和谐统一，
将阳台变成欧洲花园

迈进阳台，映入眼帘的是格外美丽的景色，令人很难想象这里只是普通公寓的阳台。为了将索然无味的普通阳台变成充满自然风情的花园，丰田先生特地委托"Buriki no Zyoro"进行了装饰设计。

"我想找些适合搭配壶、箱型花盆等复古杂物的观叶植物，打造类似欧洲花园的阳台。我一直想象着观叶植物长出石板边缘的茂盛模样，憧憬着在箱型花盆里铺上土壤培育香草。这些愿望如今都实现了，真是心满意足。"

不过，公寓阳台位置特殊，要想将其变成欧洲花园，还需要解决相应的制约问题。

"公寓阳台属于公用部分，不能擅自改建，所以我只能多花心思，灵活使用观叶植物和古玩杂物，尽量不破坏整体氛围。"

通过多思考勤实践，丰田先生享受着憧憬中的阳台园艺，并且满怀喜悦地期待着植物今后的成长。

point ❶
古朴老旧的铁制桌椅搭配色调柔和的观叶植物，相得益彰。

point 3

在铁丝篮里铺入苔藓，混栽观叶
植物和花卉。建议选择花呈浅蓝、
淡紫、粉等颜色的小型品种，搭
配复古风格的日用品非常合适。

point 4

即使在阳台上，也能像在田地里
一样种植观叶植物。可在地上铺
放防水布，上面薄薄地铺一层土，
栽种植株繁茂的香草，旁边摆放
别具情趣的砖头或其他杂物。

point 2

让绣球藤攀附在带木框的铁丝网
上，放在窗边靠墙而立。藤蔓渐
渐伸长，就会在窗外形成一道绿
色窗帘，格外有趣。

point 5

在木框包裹的阳台扶手上摆放砖
头遮挡，选用常春藤等四处蔓延
的观叶植物，即使空间有限，也
能营造深度。

point 6

石板边缘长势旺盛的婴儿泪。填
入缝隙的小石子选用白色系，以
柔和的色调和整体观感。

point 7

无法遮掩的排水管道可以缠上
铁丝网，让铁线莲攀附其上，
通过观叶植物来中和钢铁的冰
冷印象。

My Green Life { **2** }

在木露台上摆满花盆，打造绿色环绕的私人空间

木露台上地方宽敞，阳光充沛，是公寓里一处难得的空间。据说高桥女士正是被其吸引，才搬进这个房间的。她通过朋友介绍找到"Buriki no Zyoro"，由此开始了盼望已久的绿色生活。每逢周末放假时，早晨就在露台上吃吃早餐，晚上在蜡烛或手电光亮的映照下喝喝酒，可以放松心情，摆脱平日的忙碌。

"我喜欢蓬松繁茂、四面扩张的观叶植物。在露台上摆放几盆，感觉就像置身于森林一样，所以我今后还要继续栽种更多的观叶植物。"

露台被高桥女士分成了两个角落，一个角落里摆放充满野趣的澳洲观叶植物和铁制躺椅，感觉如同度假村，另一个角落里栽种可食用的香草等植物，洋溢着田园风情。平日照料时只需注意浇够水，并根据季节和土壤状态适当调整即可。用花盆栽种观叶植物，就能随意组合，打造独属于自己的休憩空间。

point 1

露台左侧集中摆放大花盆，将躺椅和桌子放在繁茂的叶子中间，打造独属于自己的休憩空间。建议以极具个性的澳洲观叶植物为主。

point 2

露台右侧集中栽种迷迭香等香草，以及果实可食用的植物品种，灵活利用实用性绿色植物，丰富日常生活。

point 3

木制工作台不仅可以进行换盆、剪枝等护理工作，还能用来摆放种植小型香草的花盆接受日照。

point 4

到傍晚就可以点亮蜡烛，在绿色环绕的露台上享受悠闲时光，在香草的芳香中尽情放松。

My Green Life { 3 }

摄影师
良知慎也

灵活利用废旧家具，打造异国风情的绿色房间

推开房门，映入眼帘的是一片郁郁葱葱的绿色空间。带阁楼的一居室里摆满了二手家具和造型别致的立体美术品,里面栽种着数不尽的植物，那种感觉非常神奇，就像无意中闯入了一个遥远的陌生国度。

据说，良知先生早就试图用喜欢的家具和日用品打造舒适的房间，但始终不够满意，结果就自然而然地想到了摆放观叶植物。于是，屋里的植物变得越来越多，如今感觉就像在和植物共享房间一样。

"植物的形状本就各不相同，而且随着每天的成长，外观也在不断改变。自从植物变多之后，我觉得自己在家里度过的时间也变得非常舒适自然。"

良知先生家中的植物主要为多肉植物和空气凤梨。这些造型别致的植物栽种在废旧家具和日用品里，感觉非常独特。他是否挑选过适合自家环境的植物种类呢？

"其实我并没有仔细调查过植物的属性，只是凭感觉挑选的。而且屋里装有空调，我也没怎么留意过换气的事，可能是因为日照够好吧，种植至今都很顺利。"

良知先生对待这些植物并未过于操心和忙碌，只是将其作为室内装饰的一部分，经常观察植物的状态，发现干燥了就用喷雾器浇浇水，非常悠闲地享受着绿色生活。

point **1**
用铁丝将木制纱窗吊在天花板上，摆放空气凤梨"蕾娜米娜[*Leonamiana*]"。纱窗和空气凤梨都很轻，不会对天花板和墙壁造成损坏。

point **2**
将伽蓝菜、十二卷、鲨鱼掌等多肉植物摆放在复古风格的玻璃展柜里。建议先铺苔藓再放花盆，会显得更加雅致。

point **3**
将荷花、向日葵的干花插在服装塑料模特身上。图示前方从天花板上悬垂下来的植物是大型丝苇。

point **4**
将空气凤梨缠在撒尿小孩的雕像上，其右侧是用针织帽作花盆套的多肉植物花盆。整个角落充满童趣。

My Green Life { **4** }

打造憧憬中的多肉植物园，
发掘其令人迷醉的丰富内涵

杉山先生全家人都喜欢园艺，从木本花卉到香草、蔬菜，迄今已经种植过多种植物。玄关、中庭、室内到处都是水灵灵的植物，而杉山先生最钟意的，是自己房间窗外的小庭院，地上栽种了许多市面罕见的多肉植物。

"我一直憧憬着高大的多肉植物在美国西海岸繁茂生长的景色，尽力在家里营造那样的氛围，为此不断摸索。人们都说多肉植物不耐雨不耐寒，所以不能种在室外，但我相信植物的适应能力，就先在院子地上挖了个几米深的坑，里面换上排水性好的土壤，种完植物后仔细照料，直到生根，气温低时还会罩上帐篷。"

杉山先生的努力有了回报，多肉植物们在庭院里落地生根，健康地生长着。不止是庭院，他的房间里也摆满了多肉植物，总计多达百余株。如此多的植物，照顾起来很麻烦吧？

"虽然很花时间，但我经过一天的繁忙工作后回到家里，照料这些植物就成了放松心情的最佳方式。"

在杉山先生眼中，与植物和睦相处的关键是——

"起初不用考虑环境和生态，购买自己喜欢的植物就好。只要喜欢，照料起来就不会觉得辛苦，自然而然就会开始思考如何才能让它们茁壮生长。"

point **1**

房间窗外是种植多肉植物的庭院。室内窗前摆满了盆栽，与庭院交相辉映。

point 2

引以为豪的多肉植物园。土壤是经过研究后精心调配的，以赤玉土为主，经过混合而成，尽力做到浇水瞬间就能吸收。

point 3

虎尾兰上挂帽子。杉山先生说，"植物显得太可怜，所以尽量不要这么做。(笑)"

point 4

通过挂在墙上的艺术品间接照明，使盆栽的二歧芦荟投影于墙上。建议选择黄色或蓝色等色调鲜明的陶瓷花盆。

point 5

手中的空气凤梨是用铁丝吊在天花板上的，似乎还使用了在房间里晾晒衣物的挂钩，更方便植物的悬挂陈设。

point 6

让充满野趣的附生兰在蛇木板上附生生长。附生兰的温度和湿度管理都不简单，但这种难度也不失为一种乐趣。

PART: 2

深 入 发 掘 多 肉 植 物 的 乐 趣

肉嘟嘟的可爱叶片、 半透明的美丽叶片、 如同石化花般的品种、 像宝石般圆滚

滚的品种……多肉植物的造型简直多得不可思议。

近年来能够买到的多肉品种日益增多， 越来越多的人被其魅力深深吸引。

千姿百态的多肉植物既可以独栽， 也可以混栽， 随心所欲， 乐趣无穷。

多 肉 植 物 的 混 栽

"多肉植物"主要生长在干燥地区，叶、茎或根进化出蓄水功能，以便能在水分少、温差大的环境中生存。为了适应严酷的环境，多肉植物进化出各种形态和颜色，而且变种众多，据说仅原种就多达一万种以上。

用喜爱的花盆栽种喜爱的多肉植物，足以令人爱不释手，而且混栽乐趣更多。

妙趣横生的多肉植物生活

培育多肉植物的一大特点是照料简单不费事。只要留意放置场所和浇水频率，即使是园艺初学者也不要紧。

而且多肉植物的形态多种多样，叶形、颜色、株型各异，并不仅限于带刺的仙人掌，还有叶片肥厚可爱的景天、叶片如花瓣般规则排列的石莲花、形状酷似鹅卵石的肉锥花等等。多肉植物变种繁多，有着赏不尽的无穷魅力。

混栽多肉植物乐趣更多。可以把茎部细长的品种栽在一起，欣赏其独特姿态，或者将造型别致的品种栽在一起，打造一个小宇宙般的世界。总之，您完全可以自由发挥，随意组合，享受独属于自己的多肉植物生活。

混栽窍门

选择符合室内装饰风格的花盆

栽种多肉植物只需要少量土，因此不必局限于园艺专用花盆，可根据室内装饰风格或自己的喜好来选择花盆的材质和形状。建议您根据多肉植物的颜色和形状多花些心思，例如，外观华丽的大型品种可用造型别致的花盆栽种，制成立体美术品；茎部细长的品种则适合使用较高的花盆或吊盆。针对初学者的混栽，建议选择喜好相似的植物品种。

操作要点

●从土里取出的植株要尽可能轻拿轻放，以免损伤根和叶。

●栽种完毕后应用镊子或汤匙压实根部周围的土壤，防止植株晃动。

●全部完成后先不要浇水，应该等到一周后植株稳定再开始浇水。

●浇水时应在根部附近进行。若从植株上方浇水，容易伤到叶片或引起虫蛀。

培育知识

了解植物的喜好环境

人们通常认为多肉植物培育简单，但实际上，也有很多人养不活。关键是要留意浇水和日照。要想确保多肉植物健壮生长不枯萎，就需要了解该品种原生地的气候和环境，从而对浇水和温度做出适当调整。

浇水要足量，方法要正确

浇水要浇透，直至花盆里的土壤整体湿润为止。时间以晴天的上午为宜（夏季为凌晨或傍晚），并应等到花盆里的土壤干透后再浇水。断水则叶片逐渐萎蔫，出现褶皱，请留心观察。在生长期内可每天浇水，大概持续1周到10天。

对于没有盆底孔的花盆，浇水时要多加留意，避免因浇水过多而导致根部腐烂。

夏季注意防湿，冬季注意防寒

绝大部分多肉植物都不耐夏季的高湿和冬季的严寒。人们大多以为多肉植物喜欢炎热的环境，但实际上，对原产于干燥地带的多肉植物而言，夏季高温高湿的环境是相当严酷的。因此，应该尽量避开直射阳光和雨水，放在通风良好的场所。

此外，多肉植物不耐低温和霜冻，冬季建议放在日照良好的窗边等场所，在暖和的晴天可适当移至户外接受日照。只要一直细心照料，多肉植物就能健康生长。

延续田园风光的
温暖混栽

用于搬运鸡蛋的铁丝鸡蛋筐虽然造型简单，但与各种色调的多肉植物都能完美搭配。建议您以石莲花、景天等叶片规则生长的品种为主，辅以颜色和叶形各异的其他品种，达成和谐统一的效果。

[Plants]

千鸟
[Echeveria racemosa]
拟石莲花属。叶色为高雅的深绿泛黑。叶片肥厚并向内弯折是其特点。

月兔耳
[Kalanchoe tomentosa]
伽蓝菜属。叶形似兔耳，密被绒毛，叶缘褐色。春秋季节绿色更鲜明。

静夜
[Echeveria derenbergii]
拟石莲花属。圆叶绿中泛白，排列如绽放的花瓣。叶尖细锐呈红色。

虹之玉锦
[Sedum rubrotinctum cv. Aurora]
景天属。叶细长如玉，群生，长时间接受日照会变成粉色。

红叶祭
[Crassula cv. Momiji Matsuri]
青锁龙属。随着气温降低，叶会变成美丽的红色。生长相对较快，易培育。

苔藓
苔藓种类繁多,其中的大灰藓、绢藓、柔叶青藓、大桧藓等苔藓叶片细长，适合东西方各种风格。苔藓论块销售，购买约25cm见方即可。

how to

① 用剪刀将浸过水的苔藓剪成鸡蛋筐高度的一半左右。绿色苔藓应铺在外面，更为美观。

② 在底部铺入排水性极佳的椰子纤维，要尽量密实，防止附在根部的土漏出。

③ 按顺序栽种多肉植物，注意不要破坏根部土球。

④ 用镊子撕下小块苔藓，填在间隙里稳固植株。

〔栽种顺序〕
❶ 千鸟……从大株开始栽种。关键是要种在中央。
❷ 月兔耳……绿中泛白的颜色与千鸟形成鲜明对比，交相辉映。
❸ 静夜……如花瓣般排列的叶尽显华美。
❹ 虹之玉锦……绿中透粉的叶引人注目。
❺ 红叶祭……种在间隙里。还可分株栽种，也能增强整体平衡。

【植后护理】
夏季注意避开直射阳光，勿浇水过多。由于耐寒性较差，冬季建议控制浇水并放在室内。

[Pot & Tool]

鸡蛋筐
（直径15cm，高25cm）
由铁丝制成，带有提手，既可挂在墙上，也能吊在梁上，方便装饰各种场所。

以植物藤蔓为花器，造型天然且动感十足的绿色风情

将植物藤蔓捆扎起来用作花器，古怪扭曲的独特形状正是其魅力所在。建议选择千里光、青锁龙等茎细长的品种。关键是从一开始就要确保基座搭建得牢固，以免散裂。

[Plants]

特玉莲
[*Echeveria cv. Topsy Turvy*]
拟石莲花属。中型品种。叶表附有一层薄薄的白粉，叶片向外弯折，形状立体，尤其适合混栽。

① 将 藤 弯 成 多 个 直 径 30 ~ 40cm 的圆环。制作要点是以最下端为中心，用手扣住，并使弯成的圆环彼此错开，整体呈立体球状。

② 在中心部位的下方添加数根剪成20cm左右的直藤用以加固，再用铁丝整体捆绑制成基座，挂在墙上或天花板上并调整平衡。

蓝松
[*Senecio serpens*]
千里光属。植株较健壮，易培育。叶细长，有厚度。茎细长。叶色为美丽的深绿泛蓝，叶表附有白粉。

美空牟
[*Senecio antandroi*]
千里光属。小型品种。叶色鲜亮淡绿，青翠欲滴。叶直立向上伸长是其特点。

③ 在中心部位放上一团椰子纤维，使其与藤紧贴，确保整体牢固，防止附在根部的土漏出。

④ 将根部带有土球的美空牟种在椰子纤维基座里。如果漏土，也可连带种植杯一同栽种。

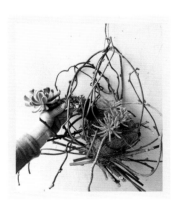

⑤ 按特玉莲、蓝松的顺序种在基座里。从高株品种开始栽种，有利于增强整体平衡。

[Pot]

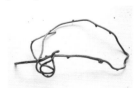

植物藤蔓
东北雷公藤、葡萄、蔷薇、猕猴桃的藤都很容易买到。购买时应选择较为湿润的藤，因为过于干燥的藤在弯折时容易断裂。

【 植后护理 】
建议放在通风良好的窗边或室外。注意避开直射阳光，勿接连数日淋雨。

使用玻璃瓶打造独立的小型植物园

用玻璃瓶混栽造型独特的多肉植物，有的松软肥嫩，有的嶙峋带刺，有的直立细长……形状可谓千姿百态，无论从哪个角度观察，都是一个梦幻般的世界。即使众多品种的植物颜色和形态各异，高矮参差不齐，只要调整平衡，配合株型紧凑的品种，就能使整体达到和谐统一。

[Plants]

老乐柱
[*Espostoa lanata*]
老乐柱属。生有棉絮般蓬松白色绒毛的仙人柱。松软的表面下隐藏着尖利的刺。

克拉夫
[*Crassula clavata*]
青锁龙属。肥厚圆叶呈深绿色，叶缘泛红，观感极富张力，尤其适合混栽。花茎细长，开白花。

长叶红莲
[*Pachyphytum longifolium*]
厚叶草属。叶细长 绿色泛白，直立向上伸长，叶尖呈红色。

星王子
[*Crassula conjuncta*]
青锁龙属。叶呈棒状，叶缘紫红色，群生。叶缘在夏季颜色变深，格外美丽。

白檀
[*Chamaecereus silvestrii*]
白檀属。耐寒暑，易培育。群生，如绳索般蜿蜒生长，极具个性。开橙色花。

苔藓
[*Brachythecium moriense*]
苔藓种类繁多，其中的大灰藓、绢藓、柔叶青藓、大桧藓等苔藓叶片细长，适合东西方各种风格。苔藓论块销售，购买约25cm见方即可。

how to

① 将浸过水的苔藓剪成瓶子高度的1/3左右，紧贴瓶壁内侧铺好，绿色苔藓露在外面。

② 在瓶底铺入苔藓，放入根部防腐剂。

③ 按顺序栽种多肉植物，注意不要破坏根部土球。在间隙里填入炭和土的1∶1混合物，以确保排水通畅。

④ 用镊子撕下小块苔藓，填在间隙里稳固植株。

〔栽种顺序〕
❶ 老乐柱……其洁白蓬松的形态是本例混栽的最大亮点。首先种植有利于调整平衡。
❷ 克拉夫……浓重的叶色引人注目。
❸ 长叶红莲……先栽种大株品种，再在间隙里栽种小株品种。
❹ 星王子……种在外围，凸显其独特造型。
❺ 白檀……分株后种在间隙里。

[Pot & Tool]

玻璃瓶
（直径22cm，高25cm）
可使用大型药瓶等造型简洁的玻璃瓶，冰冷的气质能够凸显其中的植物。

【植后护理】
这些植物均较耐寒暑，但由于容器底部无孔，需注意窒息烂根。勿浇水过多，应避开直射阳光，放在通风良好的场所。

使用铁杯混栽大型品种，充满成熟韵味

哥特风格的厚重铁杯最适合用来栽种醒目的大型石莲花， 周围辅以蓬松的空气凤梨增加柔和感， 轻易就能融入室内装饰风格。 石莲花有绿、紫、红色等众多变种， 可根据铁杯选择合适的品种。

how to

① 在杯底铺入盆底石，既能确保排水通畅，又能调节花盆高度。

② 用筒铲填土至植物刚好露出花盆并足够平稳。

③ 栽种晚霞。在根部周围加土至铁杯边缘。

[Plants]

晚霞
[*Echeveria cv. Afterglow*]
拟石莲花属。叶表附有一层薄薄的白粉，轻轻一碰就会脱落，需要多加注意。叶色粉中泛白，格外美丽。

④ 将松萝凤梨环绕在晚霞周围。多余的部分可直接垂在下面。

【 植后护理 】
建议放在通风良好的场所。盛夏时应避开直射阳光和雨水放在室外，春秋季节每周一次浇足水，冬季控制浇水。松萝凤梨不耐寒，冬季应放在日照良好的室内。

[Pot]

铁杯
（直径25cm，高50cm）
在欧洲主要摆在玄关装饰门柱上，或用于室外装饰。

金属与玻璃的别致组合，
使用不同质感的观叶植物装饰窗边

用盛放甜点、 水果的玻璃高脚盘混栽花茎细长、 四面扩张的品种。 以石莲花等叶如花瓣般排列的品种为主，在间隙里种植四面扩张的景天， 无论从哪个角度欣赏都很有趣。

[Plants]

春萌
[*Sedum 'Alice Evans'*]
景天属。茎直立伸长。肉质厚叶，淡绿色，叶尖微红。

长叶红莲
[*Pachyphytum longifolium*]
厚叶草属。细长肉质厚叶，茎直立生长。叶色绿中泛白，备显水嫩。

虹之玉
[*Sedum rubrotinctum*]
景天属。圆叶互生，叶色随季节变化很大，夏季呈深绿色，春秋季节整体变红。

数珠星
[*Crassula marnieriana cv.*]
青锁龙属。叶呈方形，排成算珠状四面延伸，极具个性。耐暑不耐寒，红叶时叶缘变红。

扇雀
[*Kalanchoe rhombopilosa*]
伽蓝菜属。小叶重叠数层，如扇子般展开。叶色泛银，具红褐色斑纹。

福兔耳
[*Kalanchoe eriophylla*]
伽蓝菜属。叶表密被天鹅绒般的白色绒毛，非常可爱。高约10cm，群生。

苔藓
苔藓种类繁多，其中的大灰藓、绢藓、柔叶青藓、大桧藓等苔藓叶片细长，适合东西方各种风格。苔藓论块销售，购买约25cm见方即可。

how to

① 先将玻璃高脚盘分解为上下两层，用锥子和剪刀在塑料杯中央开孔，套在下层的支柱上，然后安装上层。

② 在塑料杯中放入根部防腐剂，将根部带有土球的春萌、长叶红莲种在中央。若茎过长而下垂，可用铁丝稳固在支柱上。

③ 种植虹之玉、数珠星，最后种植扇雀、福兔耳。栽种过程中注意调整平衡，逐渐填满间隙。

④ 用汤匙向植物间隙逐次少量加入掺有少量炭的土壤，最后再向表面加土。

〔栽种顺序〕
① 春萌、长叶红莲……凸显细长花茎的动态美感。
② 虹之玉、数珠星……四面扩张的深绿色品种。
③ 扇雀、福兔耳……以银色为焦点。种在间隙里。

【植后护理】
不耐寒，冬季应放在室内，控制浇水。较耐暑，但也要避开直射阳光。

[Pot & Tool]

玻璃高脚盘
（宽25cm，高35cm）
原本用于盛放甜点或水果，卸掉中央的支柱，就可分解为上下两层。有一定高度，适合用来混栽四面扩张的植物。

塑料杯
（直径20cm）
超市里装咸菜或凉面的透明塑料杯。应事先用魔术笔在开孔位置做好标记。

老旧简洁的烛台搭配多肉植物，
尽显华美风范

用木质高烛台混栽景天等花茎细长的品种，风格自由华美，彼此相得益彰。

紫月
[*Othonna capensis cv.*]
厚敦菊属。生有紫色茎和新月形叶的蔓生多肉植物。生长快，耐寒暑，易培育。开黄花。

春萌
[*Sedum 'Alice Evans'*]
景天属。较耐寒，易在室外培育。茎细长下垂，适合用高花盆栽种。

苔藓
苔藓种类繁多，其中的大灰藓、绢藓、柔叶青藓、大桧藓等苔藓叶片细长，适合东西方各种风格。苔藓论块销售，购买约25cm见方即可。

[Pot & Tool]

烛台
（宽12cm，高100cm）
木质高烛台，适合栽种扩张及下垂的品种。

塑料容器
（直径10cm，高5cm）
用来装泡菜或咸菜的空容器。应事先用彩绘涂料配合烛台涂成白色。

〔 栽种顺序 〕
❶ 紫月……灵活利用细长下垂的茎，倍显华美。
❷ 春萌……叶色明快，绿中泛白，与紫月相映成趣。
❸ 紫心……粗壮的茎显得稳重。横向生长，建议混栽时最先种植。
❹ 醉斜阳……薄薄的圆叶四面扩张，与紫心形成对比，达成整体平衡。

how to

① 用锥子在塑料容器中央开孔，插在烛台的扦子上。

③ 栽种根部带有土球的春萌。关键是要种在后部，使其搭在紫月上。

醉斜阳
紫心

⑤ 用另一个烛台按同样步骤种植。

② 将浸过水的苔藓剪成容器大小，铺在底部，栽种根部带有土球的紫月。混栽时应先栽种植株下垂的品种，方便后续操作。

④ 用镊子撕下小块苔藓，填在间隙里稳固植株。

【 植后护理 】
应放在通风良好的场所。紫月应及时浇水，以免土壤过度干燥。勿过多接受直射日照，注意避免闷湿窒息。

古典枝形吊灯与大戟的鲜明组合

生有仙人掌般尖刺的大戟柔软弯曲，可缠绕在古典枝形吊灯上。铁器与植物性质截然相反，却能完美融合。作为室内装饰，这种混栽无疑是引人注目的焦点。

how to

① 将枝形吊灯挂在喜欢的场所，上面挂数根剪成合适长度的红彩阁。

② 调整红彩阁的位置，确保枝形吊灯稳定不晃动。

③ 适当摆放空气凤梨（龙舌兰）的植株。若摆放位置不够稳定，可用细铁丝固定。

【植后护理】
红彩阁和龙舌兰只要经常用喷雾器浇水，即使没有土壤也能存活数月之久。建议将枝形吊灯尽量放在能够接受日照的场所。

[Plants]

红彩阁
[*Euphorbia enopla*]
大戟属。生有红色长刺，原产于南非。表面划伤会流出白色汁液。

[Pot]

枝形吊灯
古典枝形铁吊灯。建议选择能插蜡烛的类型，便于装饰空气凤梨等小型植物。

多 肉 植 物 图 鉴

本章将介绍30种多肉植物，有容易购买的大众品种，也有独具个性的珍奇品种。
您不妨参考生长期及浇水等培育要点，尝试栽种自己喜欢的品种，尽情享受其中
的乐趣。

绫樱
[*Sempervivum tectorum ssp. calcareum*]

景天科 长生草属

叶尖呈紫红色，独具个性。原产于高山地带，极耐寒。直径可达4～5cm，单体栽种也能成为焦点。

■原产地　欧洲中南部
■生长期　春·秋
■浇水　春秋季节待土壤干透就浇水，夏冬季节控制浇水
■培育场所　不耐夏暑闷湿，应放在通风良好的场所。耐寒
■建议花盆　简洁的白色水泥花盆

锦晃星
[*Echeveria pulvinata cv. 'Frosty'*]

景天科 拟石莲花属

叶色绿中泛蓝，叶表密被一层洁白如霜的薄绒毛，格外美丽。茎直立生长，单体栽种也不失华美。

■原产地　墨西哥
■生长期　春·秋
■浇水　冬夏季节控制浇水应对寒暑，春秋季节待土壤干透就浇水
■培育场所　春季到秋季放在通风良好的室外，冬季放在日照良好的室内
■建议花盆　白色或浅色花盆

熊童子
[*Cotyledon tomentosa*]

景天科 银波锦属

叶片肥厚，叶尖具褐色齿，因酷似小熊手掌而得名。
株高可达 10 ~ 20cm，生长缓慢。秋季开黄花。

■原产地　南非
■生长期　春·秋
■浇水　不耐闷湿。夏冬季节控制浇水，春秋季节待土壤
干透就浇水
■培育场所　冬季放在日照良好的室内，夏季放在通风良
好、无直射阳光的场所
■建议花盆　木质或赤陶等保温材料

脆葡匐青锁龙
[*Crassula expansa spp. fragilis*]

景天科 青锁龙属

绿色小叶呈圆形，肥厚可爱，植株健壮易培育。茎
葡匐生长，适合用吊盆或高花盆栽种。

■原产地　南非
■生长期　春·秋
■浇水　夏冬季节控制浇水，春秋季节待土壤干透就浇水。
■培育场所　春季至秋季放在无直射阳光的室外，冬季放
在日照良好的室内
■建议花盆　高花盆

月兔耳
[*Kalanchoe tomentosa*]

景天科 伽蓝菜属

叶细长，密被白色绒毛，形似耸立兔耳而得名。叶
缘具褐色斑点。茎直立分枝，适合混栽，很受欢迎。

■原产地　马达加斯岛
■生长期　夏
■浇水　夏季待土壤干透就浇水，冬季控制浇水
■培育场所　盛夏避开午后的强烈阳光，冬季放在日照良
好的室内
■建议花盆　白色陶瓷等色调优雅的花盆

花司
[*Echeveria harmsii*]

景天科 拟石莲花属

叶表生有一层薄薄的白色短毛，若在寒冷时期长时间接受日照，叶尖就会变红。灌木品种，茎向上伸长。适合混栽。

■原产地　南非
■生长期　春·秋
■浇水　春秋季节待土壤干透就浇水，夏冬季节控制浇水
■培育场所　通风良好的向阳处。冬季放在日照良好的室内
■建议花盆　浅色赤陶等外观简洁的花盆

春萌
[*Sedum 'Alice Evans'*]

景天科 景天属

叶色雅洁，绿中泛浅白。茎细长。混栽时可与其他景天品种搭配，灵活利用颜色和形状的微妙差异，也可搭配群生品种，都能得到更多乐趣。

■原产地　墨西哥
■生长期　春·秋
■浇水　夏冬季节控制浇水，春秋季节待土壤干透就浇水
■培育场所　暑热时期放在通风良好的清凉场所，冬季放在日照良好的室内
■建议花盆　由于茎细长，建议选择高花盆或吊盆

白银绘卷
[*Haworthia hyb.*]

百合科 十二卷属

十二卷属的植物造型独特，叶片形态众多，此为其中生有锯齿状白色软刺的品种。叶色深绿，叶质坚硬，给人以锐利硬朗之感。较耐寒暑，易培育。

■原产地　南非
■生长期　春·秋
■浇水　春秋季节待土壤干透就浇透水，夏冬季节控制浇水
■培育场所　无直射阳光的半阴处。冬季放在日照良好的室内
■建议花盆　单体栽种适合使用造型独特的花盆

星美人
[*Pachyphytum oviferum 'Hoshibijin'*]

景天科 厚叶草属

叶色淡粉，形态优雅，肥厚若耳垂。植株娇嫩易受损，勿接触叶片，勿直接给叶浇水。

■原产地　墨西哥
■生长期　夏
■浇水　冬季控制浇水，春夏季节正常浇水
■培育场所　虽然较为耐寒，但需要注意防霜。夏季可放在无直射阳光的室外
■建议花盆　色调柔和的花盆

云南石莲
[*Sinocrassula yunnanensis*]

景天科 石莲属

黑色小叶密生，茎直立伸长。原产于中国。叶色和形状独特，适合搭配银色系品种，是混栽中的一大亮点。

■原产地　中国
■生长期　春·秋
■浇水　夏冬季节控制浇水，春秋季节浇足水
■培育场所　夏季放在无直射阳光的室外
■建议花盆　与叶色相称的深色花盆

芙蓉雪莲
[*Echeveria 'Laulindsa'*]

景天科 拟石莲花属

叶色美丽，淡绿泛白，缀化品种。缀化是指通常情况下的一个生长点突然变异成多个生长点并横向发展，连成一条线，形成带状。群生的娇嫩姿态极具个性。

■原产地 杂交品种
■生长期 夏
■浇水 春季至秋季每周1次浇透水，冬季控制浇水
■培育场所 通风良好的向阳处。不耐暑闷，夏季尤其需要注意湿度
■建议花盆 金属等有特点的花盆

数珠星
[*Crassula marnieriana cv.*]

景天科 青锁龙属

小叶肉质肥厚，叶缘呈紫红色，叶片层层排列，茎如塔般分枝伸长。建议与拟石莲花属等大中型品种混栽，可使整体达成平衡。

■原产地 南非
■生长期 春·秋
■浇水 不耐闷湿。夏季控制浇水，春秋季节待土壤干透就浇水
■培育场所 夏季放在不会淋雨的室外。不耐寒，秋冬季节放在日照良好的室内
■建议花盆 高花盆或吊盆

方塔
[*Crassula 'Buddha's Temple' = c.' Kimnachii'*]

景天科 青锁龙属

叶呈三角形，层层密叠犹如方塔，品种奇特。春季开白色小花。单体栽种也能成为焦点。在英国也有"佛塔"的含义。

■原产地　杂交品种
■生长期　夏
■浇水　夏季待土壤干透就浇水，冬季控制浇水。天气转冷则逐渐减少浇水
■培育场所　冬季放在日照良好且温度不会过低的室内，夏季避开直射阳光
■建议花盆　日式陶器等

克拉夫
[*Crassula clavata*]

景天科 青锁龙属

叶片肥厚，叶色深绿，长时间接受日照会变红。花茎细长，开白色小花。建议使用白色花盆或金属容器，能够很好地突出叶色。

■原产地　南非
■生长期　冬
■浇水　冬季待土壤干透就浇水，夏季控制浇水
■培育场所　冬季放在日照良好且温度不会过高的室内，夏季放在通风良好的半阴处
■建议花盆　浅色或金属花盆

不死鸟锦
[*Kalanchoe cv. f. variegata*]

景天科 伽蓝菜属

叶色泛紫，叶缘呈粉色，风格神秘。秋季叶缘生出红色子芽，格外华美。子芽落地发芽繁殖。耐暑，较易培育。

■原产地　马达加斯加岛
■生长期　夏
■浇水　夏季待土壤干透就浇透水，冬季控制浇水
■培育场所　春季至秋季放在能够接受日照的室外，冬季放在日照良好的室内
■建议花盆　单体栽种建议使用深色花盆

广寒宫
[*Echeveria cante*]

景天科 拟石莲花属

银色大叶高雅优美，单体栽种同样不落俗套。叶表易受损，白粉易脱落，勿接触叶片或直接给叶浇水。

- 原产地　墨西哥
- 生长期　春·秋
- 浇水　春秋季节待土壤干透就浇水，夏冬季节控制浇水
- 培育场所　冬季放在日照良好的室内，夏季放在无直射阳光的半阴处
- 建议花盆　沉重的铁花盆

青鸟寿
[*Haworthia retusa*]

百合科 十二卷属

色泽鲜艳的水嫩叶片交错重叠，叶表具斑纹。若想保持叶片形状齐整，就要接受充足日照，但阳光不可过强，否则叶片就会变成褐色。

- 原产地　南非
- 生长期　春·秋
- 浇水　夏冬季节勿浇水过多，春秋季节待土壤干透就浇水
- 培育场所　日照良好的室内。冬季注意温度不要过低
- 建议花盆　建议使用与株型尺寸相当的花盆密植

紫章
[*Senecio crassissimus*]

菊科 千里光属

叶缘紫色，叶片青绿色，对比鲜明。茎直立生长。较耐寒暑，易培育。开黄花。

- 原产地　马达加斯加岛
- 生长期　夏
- 浇水　春季至秋季正常浇水，夏季待土壤干透就浇水，冬季控制浇水
- 培育场所　春季至秋季放在通风良好且能够接受日照的室外，冬季放在日照良好的室内
- 建议花盆　黑色或深蓝色等深色花盆

白精灵

[*Dudleya gnoma*]

景天科 仙女杯属

小型群生品种。白色叶片是其最大特点。春季花茎伸长，开黄花。经常接受日照，叶色会更美丽。

■原产地　美国
■生长期　冬
■浇水　夏季控制浇水，秋季至春季待土壤干透就浇水
■培育场所　夏季放在无直射阳光的凉爽室外，秋季至春季放在日照良好的室内
■建议花盆　深色或同色系花盆，以突出叶片的白色

塔叶椒草

[*Peperomia columella*]

胡椒科 椒草属

小叶具"半透明窗"（用于集光），重叠群生。茎初时直立生长，后下垂伸长，用于混栽可增强动感。

■原产地　墨西哥
■生长期　春·秋
■浇水　春秋季节待土壤干透就浇水，冬季控制浇水
■培育场所　夏季放在无直射阳光的室外，寒冷时放在日照良好且温度不会过低的室内
■建议花盆　茎会伸长下垂，建议使用高花盆或吊盆

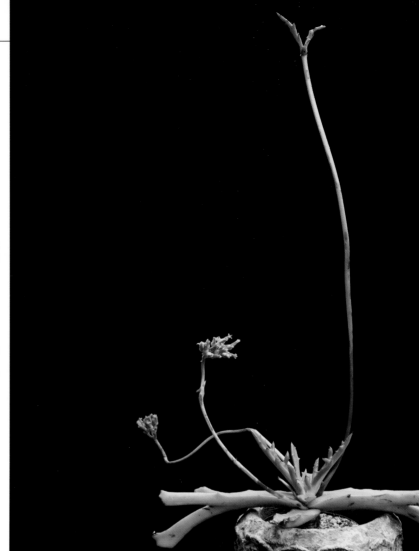

裂叶趣蝶莲
[*Kalanchoe synsepala 'Dissecta'*]

景天科 伽蓝菜属

叶细长，具锯齿状缺刻，春季叶腋抽出细长花芽，开白花。叶分歧生长，模样灵巧。不耐寒，冬季应放在温度不会过低的场所。

■原产地　马达加斯加岛
■生长期　夏
■浇水　秋季至春季控制浇水，夏季待土壤干透就浇透水
■培育场所　夏季放在室外，冬季放在通风良好且能够接受日照的室内
■建议花盆　高花盆

白霜
[*Sedum spathulifolium*]

景天科 景天属

叶表附有一层薄薄的白粉，叶重叠群生，格外美丽。生长需要充足日照，因此除极寒期外，在室外培育好于室内。混栽时可种在大中型多肉植物的间隙里，有利于调节平衡。

■原产地　墨西哥
■生长期　春·秋
■浇水　夏季勿浇水过多以免土壤闷湿，冬季控制浇水
■培育场所　耐寒，全年均可放在日照和通风良好的室外
■建议花盆　建议使用同色系花盆，能使淡雅的叶色更加醒目

流云
[*Dudleya nubigena*]

景天科 仙女杯属

叶细长，表面附有一层白粉，叶片数量众多，造型洗练。春季开淡黄色花。不耐暑。最适合单体栽种，格外醒目。

■原产地　墨西哥
■生长期　春·秋
■浇水　夏冬季节控制浇水，春秋季节待土壤干透就浇水
■培育场所　较不耐暑，夏季应放在通风良好的凉爽场所
■建议花盆　建议使用简洁的花盆，能够突出展开的叶片

红背椒草
[*Peperomia graveolens*]

胡椒科 椒草属

原产于南美。叶肥厚多肉，呈椭圆形。叶内侧深绿色，外侧红色，对比鲜明。在闷湿的环境中容易烂根，夏季勿浇水过多。

■原产地　南美
■生长期　春·秋
■浇水　勿浇水过多，冬季控制浇水
■培育场所　夏季放在通风良好的半阴处，冬季放在日照良好的室内
■建议花盆　浅色花盆或造型独特的花盆

银月

[*Senecio haworthii*]

菊科 千里光属

叶呈纺锤形，密被白色绒毛，是很受欢迎的
品种。不耐寒，不喜高温高湿的环境，柔弱
易受损，生长缓慢，培育较有难度。群生，
春季有时开黄花。

■原产地　南非
■生长期　春·秋
■浇水　夏冬季节控制浇水，春秋季节待土壤干
透就浇水
■培育场所　日照良好的室内。夏季也可放在通
风良好且不会淋雨的室外
■建议花盆　根会伸长，建议选择高花盆

牙仙女之舞

[*Kalanchoe beharensis 'Fang'*]

景天科 伽蓝菜属

叶片背面具牙状突起而得名。叶表密被细毛
是其一大特点。建议使用造型独特的花盆单
体栽种，能够呈现立体艺术品般的效果，引
人注目。

■原产地　马达加斯加岛
■生长期　夏
■浇水　春季至秋季待土壤干透就浇水，冬季控
制浇水
■培育场所　全年放在日照良好的场所。不耐寒，
冬季放在日照良好的室内
■建议花盆　造型独特的花盆

春莺啭
[*Gasteria batesiana*]

百合科 鲨鱼掌属

叶片扁平，深绿色，具白色斑点。叶对生，交互叠加。花呈粉色，如铃兰般垂吊，格外华美。建议单体栽种。

■原产地　南非
■生长期　春·秋
■浇水　夏冬季节控制浇水，春秋季节待土壤干透就浇透水
■培育场所　尽量避开直射阳光，放在通风良好的半阴处
■建议花盆　造型简洁的深色花盆

水泡朱唇石
[*Adromischus marianiae var. immaculatus*]

景天科 天锦章属

叶表覆盖凹凸不平的粗糙突起，叶状如鹅卵石，极具个性，颜色从绿色到紫红色不等。生长缓慢，需小心对待，以免造成叶片脱落。

■原产地　南非
■生长期　春·秋
■浇水　春秋季节待土壤干透就浇透水，夏冬季节控制浇水
■培育场所　除寒冷时期外，均放在通风良好的室外，充分接受日照
■建议花盆　与植株大小相称的小型花盆

稚儿樱
[*Conophytum cv.*]

番杏科 肉锥花属

如鹅卵石般滚圆可爱的肉锥花。本例品种秋季开美丽的紫色花。春季脱皮分头。不耐闷湿，应放在日照和通风良好的场所。

■原产地　南非
■生长期　冬
■浇水　夏季控制浇水，冬季至春季待土壤干透就浇水
■培育场所　炎热时期放在通风良好的凉爽场所，秋季至春季放在日照良好的室内
■建议花盆　玻璃或钢质花盆

虹之玉锦
[*Sedum rubrotinctum cv. 'Aurora'*]

景天科 景天属

叶片肥厚多肉，叶尖呈粉色。在众多叶尖呈红色的品种当中，虹之玉锦淡雅细腻的粉色显得尤为可爱。长时间接受日照就会变成美丽的粉色，在生长期的春秋季节，颜色会变得更深更漂亮。

■原产地　墨西哥
■生长期　春·秋
■浇水　若想让颜色变得漂亮，就要尽量控制浇水。秋季至春季减少浇水
■培育场所　夏季放在通风良好的室外，秋季至春季放在日照良好的室内
■建议花盆　能够突出叶色的浅色花盆

PART: 3

以观叶植物为主的
雅致混栽

只喜欢某一种植物固然可以，但若能混栽多种植物，就能享受到更多乐趣。

用木箱种植香草和蔬菜，打造充满野趣的庭院式盆景；以银叶观叶植物为主，

使用古旧的花盆混栽……

本章将介绍10例特色鲜明的混栽。无论是窗边、盥洗室、阳台、玄关，放

在任何地方都能打造华丽优美的空间。

以观叶植物为主的
雅致混栽

酒红色系的花搭配银叶，味道微苦的吊篮

茎细长直立的珍珠菜、株型蓬乱的茴香等酒红色系的花，搭配蒿属植物的银叶相得益彰，适合放在白色基调的咖啡馆风格的餐厅或卧室窗边，还能用作苦味调料。

[Plants]

蔓胡颓子 × 1
[*Elaeagnus glabra Thumb.*]
胡颓子科胡颓子属。野生于日本和中国的山地，蔓生常绿树。秋季开花，5月前后结黄绿色的细长果实。

朝雾草 × 1
[*Artemisia schmidtiana*]
菊科蒿属。别名银叶草。原产于俄罗斯的常绿多年生草本。叶细长，呈银色，开花则叶色变差，因此应将花摘除。

茴香 × 1
[*Foeniculum vulgare 'Purpurascens'*]
伞形科茴香属。原产于地中海沿岸的常绿多年生草本。茎叶颜色红黑似铜，有光泽，具清爽芳香，和种子均可用作烹饪调味料。成熟植株高可达2m，茎分细枝，密生线形叶。

日本芜菁 × 1
[*Brassica rapa var. nipposinica*]
十字花科芸苔属。一、二年生草本蔬菜。株高达20cm左右时即可收获。

暗紫珍珠菜 × 3
[*Lysimachia atropurpurea*]
报春花科珍珠菜属。原产于北美的宿根草本。叶银色，茎红色,花绯红色,总状花序。花期5~7月。

苔藓
苔藓种类繁多，其中的大灰藓、绢藓、柔叶青藓、大桧藓等苔藓叶片细长，适合东西方各种风格。苔藓论块销售，购买约25cm见方即可。

[Pot & Tool]

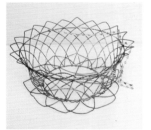

白铁丝篮
（直径35cm，高18cm）

铺放苔藓〈

how to

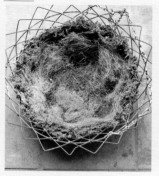 

① 紧贴篮底和侧面（内侧）铺放苔藓。建议先将苔藓润湿，再紧贴在篮子内侧，显得整洁美观。然后铺放椰子纤维。

② 在底部铺放玻璃纸以增强保水性。将玻璃纸剪成篮底大小，铺在椰子纤维上面。

栽种植物

how to

① 紧贴篮底和侧面（内侧）铺放苔藓。建议先将苔藓润湿，再紧贴在篮子内侧，显得整洁美观，然后铺放椰子纤维。

② 在中央略偏右下（方位均为正对花盆所见，下同）的位置栽种暗紫珍珠菜。

③ 右上角栽种茴香，让繁密的叶子伸展到中央。上方栽种蔬菜叶。最后将白发藓铺在所有植株的根部和间隙，稳固植株。

〔栽种顺序〕
❶ 蔓胡颓子…使植株略向外侧倒伏，呈现优雅造型。
❷ 朝雾草…种在右上角。
❸ 暗紫珍珠菜…种在中央略偏右下的位置。
❹ 茴香…种在右上角，呈现生机勃勃的视觉效果。
❺ 蔬菜叶…种在左上角，营造若隐若现的氛围。

【 植后护理 】
建议吊挂在日照和通风良好的窗边等场所，土壤表面变干就浇透水。蔓胡颓子的蔓若过度伸长，可适当修剪，茴香植株若过度茂密，也可同样处理。暗紫珍珠菜花败后应及时剪除，即可再度开花。

蔓生观叶植物垂挂窗边，
宛如巴黎公寓

将蔓生观叶植物放在飘窗、架子等较高的位置，让藤蔓松缓下垂，宛如巴黎公寓的窗畔。建议使用细长的浅容器混栽，不用考虑如何安排植物位置，初学者也可尝试。

[Plants]

锦叶葡萄
[Cissus discolor Blume]
葡萄科白粉藤属。原产于爪哇岛的常绿蔓生多年生草本，又称青紫葛。叶呈长卵形，具银白色斑纹 背面呈紫红色。喜半阴，不耐寒，温度应不低于10℃。

蟆叶秋海棠×2
[Begonia rex]
秋海棠科秋海棠属。秋海棠品种众多，有灌木品种、根茎品种、球根品种等，习性和叶形也多种多样。蟆叶秋海棠为根茎品种 茎匍匐生长。本例建议选择银叶系(西尼拉鲁特·阿德里安(Sinilarto Adrien)等)或红、紫叶系(泡沫等)品种。

紫绒三七×3
[Gynura aurantiaca]
菊科菊三七属。原产于热带非洲和马来半岛的常绿半蔓生多年生草本。叶表生有如紫色天鹅绒般的软毛，是菊三七属中较为独特的品种。

齿裂假泽兰×3
[Mikania dentata]
菊科假泽兰属。原产于巴西中部、南部的常绿多年生草本。耐阴，蔓低垂生长。夏季开白色小花，但并不明显，属于观叶植物。

冷水花 "艾伦"
[Pilea Ellen]
荨麻科冷水花属。原产于热带、亚热带的常绿多年生草本。具有金属光泽的银叶是其一大特点。性喜通风良好的半阴环境。不耐寒，温度应不低于10℃。

[Pot & Tool]

白铁皮喂鸟器
(长90cm，宽15cm，高15cm)

① 用盆底网遮住盆底孔。底部无孔的容器应事先用锥子等工具开孔。

② 铺放一层盆底石以确保排水通畅。

③ 从种植杯中取出植株，除去根部土球，将根卷到外侧，再按顺序栽种。

④ 栽种三株紫绒三七，使蔓下垂，观察整体平衡。不要种在中央或两端，错落栽种才更美观。

⑤ 将蟆叶秋海棠种在焦点位置。

⑥ 将锦叶葡萄、冷水花"艾伦"、齿裂假泽兰种在间隙里。最后补充少量土壤，稳固植株。

〔 栽种顺序 〕
❶ 紫绒三七…错落栽种更加美观。
❷ 蟆叶秋海棠…将银色或紫色的叶布置在焦点位置。
❸ 锦叶葡萄、冷水花"艾伦"、齿裂假泽兰…种在间隙里。

【 植后护理 】
这些品种均为多年生草本，可供长期观赏。春季至秋季待土壤干透就浇水，每2到3个月追加一次液肥。冬季尽量使土壤保持在干燥状态。春季至秋季可放在室外，寒冷时期则应放在温度不低于10℃的室内。

混栽亲水植物，
打造优雅清新的卫生间

使用内部透明可见的玻璃容器栽种性喜湿润环境的卷柏，
能够同时欣赏铺在底部的绿色苔藓。这种陈设形象清新，
非常适合用来装饰浴室或卫生间，与亚洲风格及日式房
间也能完美搭配。

[Plants]

卷柏×3～4
[*Selaginella*]
卷柏科卷柏属。原产于东南亚的常绿多年生
草本。有金叶卷柏、翠云草、疏叶卷柏等品种。
不同品种的叶色有深绿色和黄绿色，接受光
照时还会发生变化。性喜高湿环境。本例混
栽准备了两三种不同的叶色，能够欣赏到绿
色的渐变效果。

苔藓
苔藓种类繁多，其中的大
灰藓、绢藓、柔叶青藓、
大桧藓等苔藓叶片细长，
适合东西方各种风格。苔
藓论块销售，购买约25cm
见方即可。

[Pot & Tool]

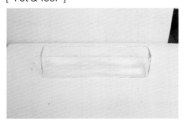

玻璃容器(长40cm，宽15cm，高15cm)

① 在玻璃容器里放入根部防腐剂。※有盆底孔的容器可不放入。

② 将浸过水的白发藓轻轻拧至半干，紧贴容器的侧面和底部铺放。关键是要让漂亮的绿色苔藓露在外面。

③ 从种植杯里取出卷柏(尽量选择大株)栽种。栽种第一株时不要种在中央或两端，以免整体失衡。然后逐一向两端栽种颜色不同的卷柏。

④ 当容器大体全部栽满时，最后的卷柏应先分株，减少分量后再栽种。分株时只需从种植杯中拔出，连带根部土球一起分开即可。

⑤ 最后用镊子将苔藓覆盖在土壤外露的部位，稳固植株。

〔栽种顺序〕
❶ 卷柏(绿色)…让伸长的卷柏垂在容器外面。
❷ 卷柏(深绿色)…种在右端。
❸ 卷柏(深绿色)…种在①的附近。
❹ 卷柏(黄绿色)…分株后种在间隙里。

【植后护理】
卷柏为多年生草本，可供长期观赏。性喜高湿环境，土壤应经常保持湿润状态。当放在不见阳光的浴室等场所时，应经常移至室外接受日照，否则叶色会变差。

香气四溢的香草和
蔬菜搭配天然容器

芹菜、 菠菜、 薄荷、 薰衣草……用木箱种植10余种
蔬菜和香草， 在庭院和阳台轻松打造小型菜园。 希
望拥有真正的香草园或菜园的人不妨以此当作练习。

[Plants]

芹菜 × 1
[Mitsuba]
伞形科芹属。原产于地中海
沿岸和亚洲西部。叶形类似
欧芹。性喜日照良好的高湿
环境。植株纤弱，移栽时应
多加小心，以免损伤根部。

菠菜 × 1
[Spinacia oleracea]
藜科菠菜属。株高达25cm
左右时即可收获。本例准备
的是细长茎呈红色的"红茎菠
菜"。

甜菜 ×1
[Swiss chard]
藜科甜菜属。原产于地中海
沿岸的蔬菜。有些品种的叶
和茎呈红、白、黄、紫等鲜
艳颜色，因此也经常用作观
叶植物。除冬季1、2月外，
均能栽培和收获。叶长达
15cm左右时即可收获。

欧锦葵 × 1
[Malva sylvestris]
锦葵科锦葵属。原产于南欧。
幼叶和花可泡香草茶，茶水
呈蓝色，加入柠檬即变为粉
色。花期5月至8月。

薰衣草 × 1
[Lavendula]
唇形科薰衣草属。原产于地
中海沿岸的多年生草本。香
气独特，具宁神、防虫、杀
菌效果。花期5月至7月。收
获时应在花完全盛开之前剪
取花穗。

柠檬玫瑰天竺葵 × 1
[Pelargonium
graveolens'Rober's
Lemon Rose']
牻牛儿苗科天竺葵属。原产
于非洲南部的多年生草本。
强烈的柠檬香气和淡粉色花
是其特点。花可用于装饰甜点。
具驱蚊效果。花期5月至初夏。

茴香 × 1
[Foeniculum vulgare]
伞形科茴香属。原产于地中
海沿岸的多年生草本。叶可
用作烹饪材料，长7mm ~
1cm的果实(种子)干燥后也
可用作烹饪调味料。味道清
爽。

日本芜菁 ×1
[Brassica rapa var.
nipposinica]
十字花科芸苔属。原产于日
本的蔬菜，口感爽脆。种植
季节为春或秋季。株高达
20cm左右时即可收获。

细香葱 × 1
[Allium schoenoprasum]
百合科葱属。原产于北半球的
温带 ~ 寒带。别名西洋细葱，
与日本虾夷葱一样，均为常用
调味材料。紫色花非常漂亮，
但若想食用叶，就应在花蕾期
将花摘除。叶长达20cm左右
时即可收获。

[Pot & Tool]

木箱(长60cm，宽42cm，高10cm)

~~~~~~~~~~~~~~~~~~~~~~~~~~~~~~~ 填入盆底石 ~~~~~~~~~~~~~~~~~~~~~~~~~~~~~~~

how to

① 缝隙较多的木箱建议垫上无纺布，防止漏土。无纺布可用打钉机等工具固定。

② 无纺布固定后的样子。也可用图钉等工具固定。

③ 填入盆底石至木箱深度的3/4左右。

~~~~~~~~~~~~~~~~~~~~~~~~~~~~~~~ 栽种植物 ~~~~~~~~~~~~~~~~~~~~~~~~~~~~~~~

how to

① 将植株较高的茴香从种植杯中取出，种在中央略偏右的位置。

② 将菠菜种在茴香的左下部，让叶子垂在前面。

③ 将甜菜种在菠菜的右侧，将薰衣草种在茴香的右侧。右上角栽种柠檬玫瑰天竺葵。

④ 将长势旺盛的日本芜菁种在左下角，将芹菜种在右下角，营造生机勃勃的氛围。将欧锦葵、细香葱种在间隙里。栽种时应观察整体平衡，不要种在一条直线上，关键是要营造出自由随意的感觉。

最后工序

how to

① 在间隙里填土，稳固植株。

② 最后用椰子纤维将土盖住。

〔栽种顺序〕

① 茴香…最高的植株最先种植。
② 菠菜…使茎下垂，营造氛围。
③ 甜菜…将叶片泛红的植株种在醒目的位置。
④ 薰衣草…对前后位置进行微调，确保薰衣草的花露在外面。
⑤ 柠檬玫瑰天竺葵…将香草集中种植在右侧，柠檬玫瑰天竺葵种在植株较高的
植物后面。
⑥ 日本芜菁…种在左下角。
⑦ 芹菜…种在右下角，营造生机勃勃的氛围。
⑧ 欧锦葵…种在日本芜菁的后面。
⑨ 细香葱…种在①的左侧。

【植后护理】
香草和蔬菜均喜欢日照和通风良好的
环境。浇水过多会引起烂根，因此应
等到土壤表面干燥后再浇水。蔬菜可
随吃随收获，叶类香草可在使用时收
获，花类香草应在花开尽之前摘取花
穗。

利用紫色的花和
叶实现古旧效果

使用复古风格的白铁皮水桶，混栽紫色或银色系的观叶植物和淡紫色的花，营造高矮不一、自然随意的氛围。这种陈设大小也很合适，任何地方都能放置。

[Plants]

花葱 × 1
[*Polemonium spp.*]
花葱科花葱属。原产于北美的多年生草本。花呈紫或粉色。羽状叶。花期4月～6月。放在凉爽且少湿的场所，就能度过炎热的夏季。

琉璃草 × 1
[*Cerinthe major*]
紫草科琉璃草属。原产于南欧的一年生草本。花呈筒状，悬垂生长。有紫花和黄花的双色品种，也有暗紫色的单色品种。花期4月～5月。

小二仙草 × 1
[*Haloragis*]
小二仙草科。原产于澳洲的常绿观叶灌木。叶缘具锯齿，呈青铜色。性喜日照良好的环境。

须苞石竹 × 1
[*Dianthus barbatus*]
石竹科石竹属。原产于东亚和欧洲的常绿多年生草本。品种众多，特点是花瓣边缘呈流苏状。叶多细长。

紫叶鼠尾草 × 1
[*Salvia officinalis*
　　'Purpurascens']
唇形科鼠尾草属。原产于地中海沿岸的常绿多年生草本。叶呈紫黑色，颇具观赏价值。花期5月～6月。

黄水枝 × 1
[*Tiarella*]
虎耳草科黄水枝属。原产于美国东部的常绿多年生草本。花色白中泛粉，花型小，密生呈穗状。耐寒耐阴，植株健壮易培育。从初夏到秋季反复开花。

[Pot & Tool]

白铁皮水桶(直径29cm，高30cm)

填入盆底石

how to

① 用钉子或钻头在桶底开孔，铺放盆底网。

② 填入盆底石至水桶深度的 1/5 左右。

●自然随意的整体平衡是关键
若想营造古旧质朴的氛围，自然随意的整体平衡是关键。栽种植株时应维持高矮不一的状态，选择花苗时也建议选择过度细长的植株。

栽种植物

how to

① 填土至水桶深度的 2/3 左右，将植株较高的须苞石竹从种植杯中取出，种在右上角。在其下方种植花蕊，花蕊下方种植小二仙草。至此右半边种植完毕。

② 左上角种植琉璃草，但不要种在与花蕊的对角线上，尽量营造自然随意的氛围。在琉璃草的斜下方种植黄水枝，在靠前的空位种植低矮的紫叶鼠尾草。

〔栽种顺序〕
① 须苞石竹…较高的植株最先栽种。
② 花蕊…种在①的旁边，营造杂乱无章的感觉。
③ 小二仙草…同样种在①②的旁边。
④ 琉璃草…种在左上角的醒目位置。
⑤ 黄水枝…种在④的前方，使前后略显杂乱。
⑥ 紫叶鼠尾草…种在前面，使其显得低矮。

③ 最后在间隙里填土，稳固植株。

【植后护理】
这些植物均喜欢比较干燥的土壤，因此应等到土壤干透泛白时再浇水。须苞石竹应在花败前剪茎，花蕊应摘除花梗，这样就能长期观赏。

清凉的象征树随风摇曳，充满野趣

用高大的白铁皮罐栽种直立生长的植物，呈现树木般的感觉。 白铁皮罐可用塑料泡沫垫底， 再把种在软塑料花盆里的植物直接放入其中即可。 这种方法无须填土， 因此重量较轻， 容易处理， 更换植物时也很方便。

[Plants]

红雀珊瑚 × 1
[*Pedilanthus*(= *Euphorbia*)]
大戟科红雀珊瑚属。分布于热带美洲的灌木。茎多肉质，分节，呈 "之" 字形伸长，造型独特。性喜日照良好的环境，不耐寒，冬季应放在温度不低于5℃的室内。秋季变成红叶，冬季落叶。

龙血树 × 1
[*Dracaena*]
龙舌兰科龙血树属。原产于热带亚洲、热带非洲的观叶植物。其中的金心香龙血树品种广为人知，被称为 "幸福之树"。性喜日照和通风良好的环境。所有品种均很健壮，生长迅速，直立生长。若植株长得过高，可适当修剪。

矮文竹 × 1
[*Asparagus setaceus* 'Nanus']
百合科天门冬属。原产于南非的常绿蔓生多年生草本。叶片极细，柔软清凉，如雾似霭。常用于插花等。细茎有刺。应避开直射阳光，冬季应放在温暖的室内。

[Pot & Tool]

白铁皮大花盆
（直径21cm，高90cm ）

〔 栽种顺序 〕
① 红雀珊瑚…使红雀珊瑚的枝条凌乱地伸向左侧。
② 矮文竹…种在前面，使茎叶下垂，营造蓬松凌乱的感觉。
③ 龙血树…种在右侧，使枝条伸向右侧。

放入塑料泡沫

how to

① 在花盆里放入塑料泡沫垫底。

② 调整深度，使植物的花盆恰好藏在里面不外露。

● 灵活利用塑料袋

购买幼苗时连带的软塑料花盆不用取下，直接混栽即可。软塑料花盆放入白铁皮罐里可以自由变形，而若购买时是硬塑料花盆，就无法随心所欲地放入特定位置，因此应先从硬塑料花盆中取出，连带根部土球一同放入塑料袋中包好，然后再按照同样步骤放入白铁皮罐。

栽种植物

① 先将植株较高的红雀珊瑚连带花盆放入白铁皮罐的后部，使枝条伸向左侧，营造野性不羁的感觉。

② 将矮文竹连带花盆放在红雀珊瑚的前面，使枝条露出下垂。

③ 将龙血树连带花盆放在右侧，略微向右歪斜，使枝条伸向右侧。

④ 最后全部盖上椰子纤维。

【植后护理】
放在日照和通风良好的场所，土壤干透就浇水，浇水时可从白铁皮罐里直接取出。若茎叶生长过长，可适当修剪。

利用白色和银色
凸显成熟韵味

美丽的白花搭配银叶，使用暗色调的复古花盆混栽，非常适合成熟韵味的成年女性。

[Plants]

龙胆婆婆纳 × 1
[*Veronica gentianoides*]
玄参科婆婆纳属。原产于东欧的宿根草本（耐寒性多年生草本）。花呈蓝色近白，洋溢自然风情。花期5月至7月。

屈曲花 × 1
[*Iberis*]
十字花科屈曲花属。原产于地中海沿岸的草本植物，有多年生和一年生品种。英文名"candytuft"，意为"糖果之花"。开花时遍及整个植株。花期4月至6月。

金鱼草（格雷伯爵）× 1
[*Antirrhinum majus*]
车前草科金鱼草属。原产于地中海沿岸。本为多年生草本，但在园艺上多视为一年生草本。花色有白、黄、粉、红等。株高有时可达1m。

白色鼠尾草 × 1
[*Salvia apiana*]
唇形科鼠尾草属。野生于北美加利福尼亚的常绿灌木，属于香味清爽的香草。浅灰色的叶优美雅致，也很适合混栽。

腋生榄叶菊（小烟）× 1
[*Olearia axillaris*]
菊科榄叶菊属。原产于澳洲的常绿灌木。株高25至60cm。小叶呈美丽的银色，秋季开黄色小花。

埃塞俄比亚香水蒿 × 1
[*Parfum d Ethioia*]
菊科蒿属。常绿多年生草本。与魁蒿同类，银叶形似魁蒿，具苹果薄荷般的强烈香气。

苔藓
苔藓种类繁多，其中的大灰藓、绢藓、柔叶青藓、大桧藓等苔藓叶片细长，适合东西方各种风格。苔藓论块销售，购买约25cm见方即可。

[Pot & Tool]

陶瓷盆（直径30cm，高18cm）

~~~~~~~~~~~~~~~~~~~~~~~~~~ 填 入 土 壤 ~~~~~~~~~~~~~~~~~~~~~~~~~~

how to

① 用盆底网遮住盆底孔，填入盆底石至花盆高度的1/5左右。

② 填土至花盆高度的2/3左右。

~~~~~~~~~~~~~~~~~~~~~~~~~~ 栽 种 植 物 ~~~~~~~~~~~~~~~~~~~~~~~~~~

how to

① 将植株较高的龙胆婆婆纳从种植杯中取出，种在左上部。

② 将白色鼠尾草种在右上部，与龙胆婆婆纳横向错开，不要种在一条直线上。

③ 将金鱼草种在前面，将屈曲花种在龙胆婆婆纳和白色鼠尾草之间。

④ 用两种银叶植物填补空隙。将埃塞俄比亚香水蒿种在右下部，将腋生榄叶菊种在9点钟的位置。

最后工序

how to

① 填入土壤，稳固植株。

② 最后用苔藓遮盖外露的土壤。

〔 栽种顺序 〕
① 龙胆婆婆纳...种在左上部。
② 白色鼠尾草...种在右上部，突出高度。
③ 金鱼草...种在左下部。
④ 屈曲花...种在①和②之间。
⑤ 埃塞俄比亚香水蒿...种在右下部，使叶片伸出花盆。
⑥ 腋生榄叶菊...种在9点钟的位置。

【植后护理 】
这些植物均不喜欢阴湿的环境，因此
应放在日照良好的场所。土壤表面变
干就浇水。花枯萎后应及时摘除，即
可长期观赏。待花全部开败后，可换
栽其他香草。

优美雅致的单色方形陈设，凸显日本植物的艺术美感

许多原产于日本的野草均具有形状独特的花或叶，使用色泽漆黑的花盆混栽，即可充分调动艺术美感，非常适合单色基调的时尚风格的房间。

[Plants]

灯台莲 × 2
[Arisaema sikokianum]
天南星科天南星属。日本固有品种，野生于林间的多年生草本。白花中央具椭圆状附属体，柔软如年糕，故又称雪饼草。花期4月至5月。

黑百合 × 2
[Fritillaria camtschatcensis]
百合科贝母属。原产于日本、阿拉斯加、西伯利亚、库页岛、千岛群岛的高山植物。

朝鲜白头翁 × 2
[Pulsatilla cernua]
毛茛科白头翁属。分布于日本和中国的多年生草本。花呈泛红的巧克力色，花期4月至5月。羽状叶，颇具观赏价值。

唐糸草 × 2
[Sanguisorba hakusanensis]
蔷薇科地榆属。分布于日本本州中部的野草。叶呈椭圆形，叶缘具锯齿。花期7月至10月，花呈穗状下垂。雄蕊如流苏般自花穗下垂而出，望之如同唐糸而得名。

苔藓
苔藓种类繁多，其中的大灰藓、绢藓、柔叶青藓、大桧藓等苔藓叶片细长，适合东西方各种风格。苔藓论块销售，购买约25cm见方即可。

[Pot & Tool]

黑色树脂花盆
（长62cm，宽16cm，高17cm）

~~~~~~~~~~~~~ 铺放苔藓 ~~~~~~~~~~~~~

how to

① 填入盆底石至恰好遮住盆底。若有盆底孔，需用盆底网遮住。

② 铺放白发藓，作为栽种植物的基座。至于铺放多少白发藓，以将种植杯放入箱型花盆，种植杯上缘低于箱型花盆上缘3～4cm的程度为宜。

③ 撒入根部防腐剂。※若有盆底孔可不放入。

how to

① 将较高的一株灯台莲种在右侧，将另一株灯台莲种在中央略偏左的位置。将较高的一株黑百合种在右侧灯台莲的旁边，将另一株黑百合种在距离左侧灯台莲稍远的位置。

② 将两株朝鲜白头翁分别种在花盆两端，略微向外倾斜。将两株唐糸草分别种在朝鲜白头翁的内侧。

③ 最后将白发藓铺在所有植株的根部，稳固植株。

● 错落有致地栽种是关键

观察所有植株时，尽量以三株较高、其他植株较矮为佳。应使植株横向略微错开，不要太过整齐，错落有致才更美观。

〔栽种顺序〕
① 灯台莲…主花。从较高的植株开始栽种，调节平衡。
② 黑百合…栽种时需注意与①的间隔，调节平衡。
③ 朝鲜白头翁…种在两端，使叶片略微向外低垂。
④ 唐糸草…种在朝鲜白头翁的内侧。

【 植后护理 】
这些植物均为野草，适合田地栽种，盆栽不会存活太久，大概只有 2 ~ 3 周。应放在通风良好的窗边，每周浇一次水。不必使用野草专用土壤或腐叶土，使用便于处理的白发藓即可。

妙趣横生的绿荫花园，
宛如时光停止流逝

混栽耐阴的观叶植物。 细长的茎叶大胆地探出复古风格的花盆， 宛如多年前就已静静地摆放在那里， 在不见阳光的地方献上一场华丽的演出。

[Plants]

矾根 × 1
[*Heuchera*]
虎耳草科矾根属。原产于北美的常绿多年生草本，是很受欢迎的彩叶植物。品种众多，叶色也可分为红色系、紫色系、银色系、黑色系、绿色系等，各有特点，都很美丽。本例准备的是紫色和深红色品种。夏季应放在半阴处，春、秋、冬季可放在向阳处。花型小而可爱。

革叶芳香草 × 1
[*Astelia*]
龙舌兰科芳香草属。产于新西兰的多年生草本。有数十个品种，叶色多为绿中泛银。柔韧的叶可长达40cm左右。

虎耳草 ×1
[*Saxifraga stolonifera*]
虎耳草科虎耳草属。原产于东南亚的常绿多年生草本。性喜半阴的湿润环境。不耐旱，看到花盆里的土壤变干就应立刻浇水。花期5月至7月，开白色小花。

野芝麻 × 1
[*Lamium*]
唇形科野芝麻属。原产于欧洲、非洲北部、亚洲温暖地区的半常绿多年生草本。茎贴地面匍匐生长，蔓生。叶形和花色随品种各异，本例准备的是叶带银斑的品种。建议选择匍匐枝较长的植株。

无毛风箱果 × 1
[*Elaeagnus glabra Thumb.*]
蔷薇科风箱果属。原产于北美北部的落叶灌木。耐寒性佳。花呈球状，类似麻叶绣线菊。花期6月至7月。

荷包牡丹（鱼儿牡丹）× 1
[*Dicentra spectabilis*]
罂粟科荷包牡丹属。原产于中国东北部、朝鲜半岛的多年生草本。花茎细长，着生倒心形的独特花朵。花呈粉或白色，花期4月至5月。叶形似牡丹，充满野趣，颇具观赏价值。

苔藓
苔藓种类繁多，其中的大灰藓、绢藓、柔叶青藓、大桧藓等苔藓叶片细长，适合东西方各种风格。苔藓论块销售，购买约25cm见方即可。

[Pot & Tool]

石质箱型花盆
（长80cm，宽24cm，高22cm）

～～～～～～～～～～～ 填入土壤 ～～～～～～～～～～～

how to

① 用盆底网遮住盆底孔。

② 在整个盆底薄薄地铺放一层盆底石。

③ 填土至花盆高度的1/3左右。

～～～～～～～～～～～ 栽种植物 ～～～～～～～～～～～

how to

① 将无毛风箱果从种植杯中取出，连带根部土球种在中央略偏右的位置。

② 将荷包牡丹种在中央略偏左的位置，使其向内倾斜，枝条伸向左侧。

③ 将野芝麻种在左上角，使匍匐枝随意垂落在花盆前后。在其右侧栽种革叶芳香草，再将矾根、虎耳草种在右侧空隙里，同时注意调整平衡。

● 从远处眺望，确认整体平衡

植株较高的无毛风箱果、枝条前伸的荷包牡丹、匍匐枝自然下垂的野芝麻……应从较为醒目的植物开始栽种，并经常从远处眺望，确认整体平衡。

how to

① 填土至遮住所有植株的根部土球，稳固植株。最后用苔藓整体覆盖。

〔 栽种顺序 〕
① 无毛风箱果…种在中央略偏右的位置。
② 荷包牡丹…向内倾斜，使枝条斜向伸出。
③ 野芝麻…种在左上角，使匍匐枝前后伸出。
④ 革叶芳香草…种在①和③之间，但不要种在中央。
⑤ 矾根(红色)…种在右侧，突出高度。
⑥ 矾根(紫色)…种在右下角。
⑦ 虎耳草…种在⑤和⑥之间，使匍匐枝垂在前面。

【 植后护理 】
这些植物均为多年生草本，可供长期观赏。开花的植物待花败后，应从与花茎相连的位置剪除。夏季注意预防暑热、闷湿、干燥，应放在半阴处，看到土壤变干就浇水。春、秋、冬季可放在向阳处。耐寒性佳，冬季也可放在室外。

赤陶花盆搭配酒红色系的花卉，打造风格优雅的玄关

使用醒目的赤陶大花盆，栽种色调沉稳的酒红色系花卉，优雅地融入周围的装饰风格，再辅以澳洲灌木，即可用来装饰玄关等场所，成为自家宅院的象征。

[Plants]

彩色马蹄莲（热巧克力）
[*Zantedeschia*]
天南星科马蹄莲属。原产于南非。品种分为性喜湿润土壤的湿地性和性喜干燥土壤的旱地性两类，酒红色的热巧克力（Hot Chocolate）、宏伟红（Majestic Red）等品种为旱地性，较难越冬。看到土壤表面变干就浇水。花期5月至7月。

喜沙木（托比钟）
[*Eremophila*]
玄参科喜沙木属。原产于澳洲的常绿灌木或多年生草本。花色有白、红、粉、黄、浅蓝。花期1月至6月。

团花新娘花
[*Serruria glomerata*]
山龙眼科新娘花（Serruria）属。原产于南非的常绿灌木，在澳洲经过品种改良。羽状细叶极具特色，花呈近黄绿的奶油色，球状簇生。不耐高温高湿，应用排水性好的园艺土壤种植。

阿德南萨斯 × 1
[*Adenanthos*]
山龙眼科阿德南萨斯（Adenanthos）属。原产于澳洲的常绿灌木。葡匐茎，筒状花，花色有红、橙、粉、黄等。有细长针状叶和扁平叶两种。

银桦 × 1
[*Grevillea*]
山龙眼科银桦属。原产于澳洲的常绿灌木。花形似刷子，花色有红色和黄色。羽状叶，花期春秋季。

银婚醉鱼草
[*Buddleja*]
醉鱼草科醉鱼草属。原产于东亚的半常绿灌木。小花呈穗状，花色有白、紫、粉、黄。强烈的芳香和丰富的花蜜容易招蜂引蝶，在英语圈内又称"蝴蝶灌木"。花枯萎后应及时摘除，枝条过长可适当修剪。

[Pot & Tool]

赤陶大花盆
（直径38cm，高53cm）

~~~~~~~~~~~~~~~~~~~~~~~~~ 填入盆底石 ~~~~~~~~~~~~~~~~~~~~~~~~~

how to

① 用盆底网遮住盆底孔。

② 填入盆底石至花盆高度的
1/5左右。

~~~~~~~~~~~~~~~~~~~~~~~~~ 栽 种 植 物 ~~~~~~~~~~~~~~~~~~~~~~~~~

how to

① 填土至花盆高度的1/2左右。
将彩色马蹄莲从种植杯中取
出，种在右上部。

② 由于花盆较大，建议离开一
段距离观察整体平衡，让茎
自然伸展。

③ 将银桦种在右下部，使茎垂
在前面。

④ 将团花新娘花种在彩色马
蹄莲的右侧。

⑤ 将银婚醉鱼草种在左下部，突出高度。

⑥ 将阿德南萨斯种在银婚醉鱼草的前面，将喜沙木种在银婚醉鱼草的后面，同时注意观察整体平衡，最后填土稳固植株。

〔 栽种顺序 〕
① 彩色马蹄莲…不要种在中央。
② 银桦…使茎从花盆右侧边缘垂在前面。
③ 团花新娘花…种在彩色马蹄莲的右侧。
④ 银婚醉鱼草…种在左侧。
⑤ 阿德南萨斯…种在银婚醉鱼草的前面。
⑥ 喜沙木…种在彩色马蹄莲的左侧。

【 植后护理 】
除彩色马蹄莲和银婚醉鱼草外，其他均为澳洲植物。夏季应避开高温高湿，放在半阴处，春秋季节放在能够接受日照的场所，冬季放在通风良好的室内。移栽后的两周里应多浇水，此后看到土壤变干再浇水。除彩色马蹄莲外，其他植物均可长期观赏。

PART: 4

观 叶 植 物 基 础 课 程
Basic Lesson

置身于观叶植物中间的舒适生活。

为了好好爱护为我们治愈心灵的植物，

需要了解基本的护理方法。

便利的工具、购买植物时的辨别方法……如果能够了解这些知识，

就能与植物更好地相处，构建和谐的关系。

需要事先准备的工具 & 材料

要想长期观赏喜爱的观叶植物，每日的护理工作是必不可少的。
修剪枝叶的剪刀、 喷壶、 筒铲等工具， 都能使护理工作事半功倍，
建议事先备好。 此外， 还应了解花盆、 盆栽基础——土壤的种类、
肥料的性质和特点等知识。

■ 基本工具

镊子

用于较为细致的护理，如栽种多肉植物的幼苗、摘除盆栽中无用的叶或芽等，此外还能方便地清除附在枝叶上的害虫。镊子要求不高，购买物美价廉的种类即可。

剪枝剪、园艺剪

剪枝剪具有半月形的动刃和新月形的静刃，用于剪除粗枝。在摘除花柄或修剪草本植物时，使用刀刃较细的园艺剪更加方便。

喷雾器

用于给叶喷水。在空气容易干燥的室内培育观叶植物或空气凤梨时，喷雾器是必需品。还有一种喷雾器带有较长的喷头，专门用来喷洒药剂。

筒铲 / 园艺铲

处理土壤时必不可少的工具。筒铲用于定植或移栽中向花盆里填土，而使用园艺铲等其他填土工具有时会更方便，能够确保填入过程中不会掉土。

园艺手套

空手处理土壤会损伤皮肤，戴上园艺手套比较方便。园艺手套通常在手心和指尖部位经过胶乳加工，而在处理有刺的植物时，一般使用皮质手套。

喷壶

用于浇水。前端细长，能够避免水花四溅。建议购买莲蓬喷头可拆卸的喷壶，用途更加广泛，另外还应尽量选择轻便易携的种类。

■ 基本的土壤和肥料

园艺专用培养土
专门用于培育植物的土壤。以排水性和通气性俱佳的赤玉土或鹿沼土为主，再根据植物的习性，混入腐叶土、膨胀蛭石、肥料等。

盆底石
为改善排水而铺在花盆底部的大粒石子或浮石。重量不一，使用较轻的盆底石有利于操作及花盆的移动。经过烧制的黑曜石很轻，还可碾碎后掺入培养土里使用。

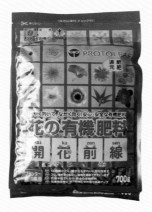

固态肥料
成分缓慢渗入土壤的效力持久（缓释）的肥料。用于定植幼苗时掺入培养土里，或是放在土壤表面。

盆底网
用于遮住盆底孔的网，能够防止土石流失及蛞蝓等害虫的侵入。使用时应剪成大于盆底孔的尺寸。也可用下水口滤网代替。

液态肥料
能够被植物迅速吸收的速效肥料，分为加水稀释使用和直接使用两种。效力持续时间较短，因此应定期施肥，大概每1~2周施肥一次。

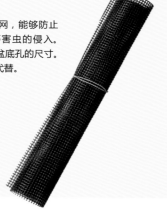

■ 花盆的特性及选购方法

花盆在很大程度上决定了观叶植物陈设的形象风格，是非常重要的工具。除园艺专用花盆外，还可将各种日用品用作花盆，能够享受到更多的乐趣。您不妨多了解花盆材质的特性，在达到陈设目的的同时，对植物本身也有好处。

普通花盆

普通花盆在园艺店和日用品中心均能买到。尺寸和设计多种多样，有盆底孔，使用自由。若能事先掌握素陶、塑料等材质的特点，在选购时就能做到有的放矢。

花盆尺寸
花盆通常用"号"表示，1号花盆直径为3cm。将号数乘以3cm就是该号花盆的直径。

素陶花盆
低温烧制不上釉的陶质花盆。通气性和排水性俱佳，最适合用来种植不耐闷湿的植物。缺点是重量较大，易碎。

木质花盆
有原色的，也有上色的，还有对间伐材[1]和老酒桶进行再利用的复古风格花盆。虽然通气性和排水性俱佳，但需要经过防腐处理，否则容易老化。

塑料花盆
重量轻，不易坏，颜色和形状丰富。通气性和排水性差，土壤容易闷湿。有些塑料花盆开有多个盆底孔以改善排水性。

赤陶花盆
原指欧洲烧制的花盆，类似素陶花盆，但烧制温度更高。颜色多为褐色泛粉，风格自然，很受欢迎。通气性和排水性较好，但不如素陶花盆和驮温钵。

驮温钵
类似素陶花盆，烧制温度高于素陶花盆，低于赤陶花盆。仅外缘上釉。通气性和排水性俱佳，强度优于素陶花盆。

其他材质
最近出现了越来越多的环保花盆，如可再生旧纸、无纺布、生物降解材料（玉米等谷物为主原料）等，还有树脂纤维材料（玻璃纤维和树脂的混合物），外表类似陶瓷或赤陶，但重量更轻。

---

1. 将成长过程中密集的林木拔去一部分后长成的木材。——译注

代替花盆的日用品

下面将简单介绍各种可以代替花盆的日用品，能使观叶植物的陈设瞬间变得华丽时尚。建议您事先了解每种材质的风格及使用时的注意事项，选择适合自家室内装饰的日用品。

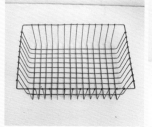

白铁皮日用品

白铁皮日用品充满了古旧气息。可放在室外，不用避开风雨，即使生锈或变脏，反而更有韵味。底部无孔的日用品应先在底部开孔。必要时还应放入根部防腐剂。

铁丝日用品

铁丝日用品适合自然、阳刚风格的室内装饰。栽种植物时可在其中铺放椰子纤维或苔藓。通气性和排水性极佳，而且浑身是孔，便于悬挂。

玻璃日用品

用于水培的瓶子、复古风格的壶或碟子等透光的玻璃日用品，给人以清凉的感觉。建议灵活利用其内部透明可见的特点，选择以球根或根为卖点的植物。使用前应放入根部防腐剂。

陶器日用品

陶器的色调和形状多种多样。除制成花瓶、花盆、花盆套外，还可用陶器餐具来陈设植物。底部无孔的陶器应放入根部防腐剂。

搪瓷日用品

搪瓷日用品外观老旧，风格自然，适合复古风格的室内装饰。其颜色多样，种类丰富，有壶、咖啡杯、锅等。除用作花盆套外，直接栽种植物时，应用工具在底部开孔或放入根部防腐剂。

木质日用品

图示的烛台可搭配无需水土的空气凤梨或干花，优美可爱。在木质碟子里填土栽种植物时，应采取防水措施，如在其中铺放玻璃纸等。

可悬挂的日用品

图示的烛台或篮子等带提手的日用品，非常适合用作吊盆。人在站立时目光平视就能欣赏植物，为室内装饰平添变化。

如何选择植物

应根据放置场所的日照和通风条件来选择植物，
以免好不容易栽种的植物没过多久就枯萎或生病。
此外，在购买植物时，应尽量选择健壮的植株，
本节也会教您如何甄别。

■ 如何根据场所选择植物

应根据日照条件及房间风格（西式或日式）
加以选择。下面以公寓的房间为例，为您
介绍合适的植物。

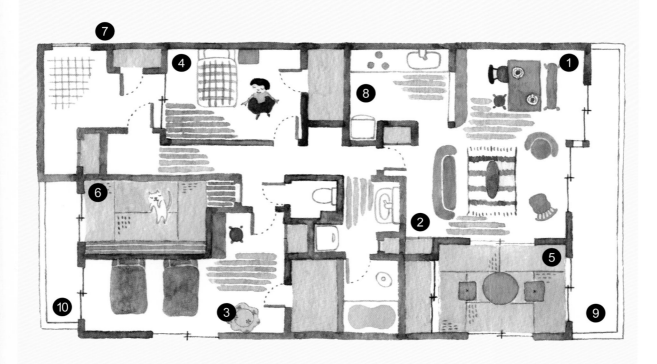

1 卧室或餐厅（日照良好）

伞叶榕 [*Ficus umbellata*]
大叶呈心形，颇具观赏价值。
种在大花盆里长大后，姿态显
得悠然自得，令人心旷神怡。
性喜日照良好、高温高湿的环
境，因此最适合放在朝南的卧
室或餐厅。建议避开直射阳光。

2 卧室或餐厅（半阴）

长叶榕 [*Ficus longifolia*]
耐阴性很强的榕树品种。细叶
随风轻摆，给人以清凉之感。
放在光线微暗的卧室里也能引
人注目。

3 西式房间（日照良好）

锈叶榕 [*Ficus rubiginosa*]
叶片光泽发亮，树干细长扭曲，
是很时尚的观叶植物，与任何
风格的室内装饰都能轻松搭配。
性喜日照和通风良好的环境。

4 西式房间（半阴）

常春藤，常绿蔓生树木。在背
阴环境下也能良好生长。可用
花盆栽种，也可吊起观赏垂落
的藤蔓，还可使其攀附在墙壁
或柱子上，为西式房间更添欧
式风情。

5 日式房间（日照良好）

绯 合 欢 [*Pithecellobium
confertum*]
柔软的羽状叶到了黄昏就会闭
合，其恬静的风情与日式房间
相得益彰。可用单色调的花盆
栽种，打造时尚的现代空间。
性喜日照，但阳光不可过强，
否则叶片可能无法展开。

6 日式房间（半阴）

螺旋灯心草，灯心草的一种，
常用作盆栽的观赏性野草。叶
呈独特的螺旋状。生活在水边，
不耐旱，可在花盆下放置存水
的日式碟子，突出日式风情。

7 玄关

月桂，常用于庭院栽种，也可
作为盆栽放在玄关前。植株不
显张扬，气味香甜，沁人心脾。
在半阴环境下也能良好生长，
尤其适合用来装饰公寓里不见
阳光的玄关。

8 厨房

香草或观叶植物，建议使用玻
璃或搪瓷等外观整洁的日用品
种植小型观叶植物或薄荷等香
草。厨房通常较为潮湿阴暗，
而薄荷性喜略微湿润的土壤，
许多观叶植物的品种也能在半
阴环境下良好生长。

9 阳台（日照良好）

野草莓，茎（匍匐枝）会伸得很
长，散发野性气息。建议用木箱
或白铁皮罐栽种，即可营造法国
乡村般的氛围。多接受日照有利
于开花结果，因此适合放在日照
良好的阳台。

10 阳台（半阴）

矾根，叶呈华丽的淡玫瑰红色，
仅此一点就足以打造闪亮的阳
台。耐寒，夏季恰好适合放在
半阴处。

■ 购买时如何选择

园艺店、 日用品中心、 室内装饰品商店均有各种各样
的观叶植物销售。 既然购买, 当然要选择品质良好的
健壮植株。 下面就来为您介绍如何从店里的杯苗和盆栽
中分辨好株和差株。

好株的特点

1. 整体健壮, 长势良好。

2. 花和叶有光泽, 花蕾或新芽多。

3. 茎粗壮, 节间短。

◎ 好株

× 差株

先观察植株状态, 再检查细节

选购草本花卉或观叶植物时, 首先应观察植
株的整体状态。茎枝粗壮节间短、叶数量多、
基部叶不枯不黄、植株结实稳定即为好株。
而有些植株外观不错, 但根部不稳晃动, 就
说明该植株根部孱弱, 不宜购买。接下来应
确认细节。生出花蕾或新芽的是好株, 叶片
背面附有叶螨等害虫的是差株。此外, 对于
普通草本花卉而言, 应尽量选购新鲜的苗,
那些长期摆放在店面的植株常因环境变化而
变得孱弱, 不宜购买。

握住幼苗轻轻上提, 选
购根部不晃动的植株。

树木的根非常重要

树木的幼苗有用种植杯栽种的杯苗，也有用麻（黄麻）等将根部连同土球包裹起来的裸苗。无论购买哪种幼苗，均以根部健壮饱满最为重要。根部土球远远小于地上部分的幼苗尽量不要购买。若难以确认根的状况，可观察其他部位，例如有些幼苗在断水后叶片会立刻萎蔫，而茎上有伤或瘤的幼苗可能正遭到病虫害的侵扰，均不宜购买。建议选购茎干光滑坚韧、叶色鲜亮的幼苗。

选择结实饱满的球根

选择球根时应轻轻握在手里，确认内部状态。饱满的球根有光泽，拿在手里会有沉重紧绷的触感，而感觉又轻又软的球根内部可能已经腐烂。此外，长期摆放在店面的球根可能会感染灰霉病，因此在购买时，建议选择商品更换频繁的店铺。尽量不要购买有伤或开始生根发芽的球根。

检查香草的气味

香草与草本花卉一样，通常购买幼苗培育。选购方法也一样，整体长势良好、植株结实健壮、叶数量多、颜色鲜艳的是好苗。对于香草而言，气味也很重要，可在不损伤商品的前提下，用手指轻揉叶片，检查香气。在良好环境下成长的幼苗，香气较为明显，而且这样做还能检查是否使用过农药或化肥，比较放心。

确认多肉植物的生长点

多肉植物性喜日照，如果位于叶或植株中心的生长点色泽暗淡泛白，或是茎整体生长迟缓，就是日照不足造成的。这样的幼苗不宜购买，而应选择叶色鲜艳、植株结实、株高较矮的幼苗。此外，有些摆放在店面的小苗可能没有贴上标签，此时应购买自己能够确认品种的幼苗，以便日后了解其习性和栽培方法。

在不损伤商品的前提下，用手指轻揉叶片，确认香草的气味。

基 本 护 理 方 法

观叶植物相对容易培育， 但要想让其健康生长，
正确的护理还是不可或缺的。
对放置场所的日照、 通风等环境条件进行整理，
注意浇水、 施肥、 病虫害防治等，
都是应该事先掌握的园艺基本流程和要点。

■ 浇水

每天最重要的护理就是浇水。
虽然乍一看很简单， 但即使
是同一种植物， 如果培养土
的种类、 放置场所、 季节
等因素不同， 浇水的时机也
会不同。 最基本的做法是
"干透浇透"。 如果土壤未
干就浇水， 土壤内部就会变
得过湿， 从而伤及根部。
浇水时应向根部缓缓浇水，
直至盆底有水流出， 这样做
可以赶出花盆里的陈旧空气，
注入新鲜空气， 促进根的生
长。

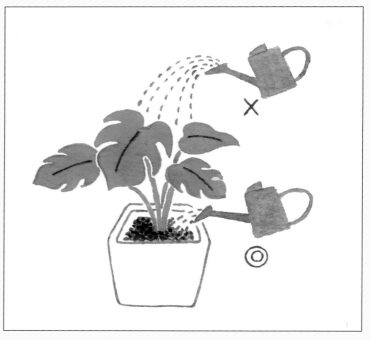

浇水的基本做法是向根部浇
水，而直接向花或叶浇水会
损伤植物。

耐旱植物

多肉植物等性喜干燥的植物不要浇水过多，应在
土壤表面干燥泛白的4~5天后再浇水。对初学
者而言，植物枯萎的多数原因都是浇水过多导致
烂根，因此应耐心等待，直至花盆里的土壤干透
后再浇水。

不耐旱植物

性喜湿润的植物应在土壤表面干燥时就立刻浇
水，并经常给叶喷水。若因断水而导致叶片萎蔫
时，需要进行应急处理，可将整个花盆泡在水桶
里，使植物充分吸水，恢复正常。

水培植物应在何时浇水
这里所说的水培，是指使用无盆底孔的容器，以
水培球（聚酯球）为人工培养基来蓄水栽培植物。
应等到容器底部完全无水的2~3天后再浇水，否
则根部就会一直泡在水里而导致腐烂。

■ 日照

植物的生长需要阳光。 如果放在完全不见自然光的场所， 植株就会变得孱弱。很多草本花卉和观叶植物都喜欢上午到下午4 ~ 5个小时的日照。 在室内培育时， 应选择合适的放置场所， 如阳光透过玻璃窗或半透明的花边窗帘射入的明亮位置。 若只能放在背阴处， 则应选择耐阴植物， 并偶尔移至能够接受日照的场所。

■ 通风

叶片繁茂的植物需要适度通风， 因为在空气流通很差的密闭环境中， 植株容易发生病虫害。 不过， 在高层公寓的阳台等风力太强的场所， 反而需要采取防风措施， 否则会使植株变得过度干燥，或是损伤枝叶。 在室内培育时， 应经常开窗或使用循环机促进空气循环， 但严禁将植株直接暴露在空调和风扇吹出的风中， 以免植物脱水。

性喜阳光的植物应放在全天都能接受日照的场所。

如何安稳地度夏越冬

要想度过气温急剧攀升的盛夏，关键是要尽量营造凉爽的环境。不耐直射阳光的植物应移至背阴处，在室内用半透明的花边窗帘遮光。浇水建议在日照较弱的清晨或傍晚进行。冬季是多数植物停止生长的时期，应控制浇水，使土壤保持在较为干燥的状态。不耐寒的观叶植物应移至室内，放在能够接受日照的场所。室外的草本花卉应用树皮包住根部防寒，或用塑料膜罩住整个植株。

■ 剪枝、缩剪

剪枝是指剪除过长的树枝。若枝条过长导致植物外形凌乱，应对过长或纠缠的枝条进行整理。这样做不仅能使植物外形整洁，更能提高养分的利用效率。将整个植株剪短到1/3或1/2左右，称为"缩剪"。在花开败时进行缩剪，就能生出新的腋芽，重新开花。修剪建议在进入梅雨季之前进行，能够改善通风，防止闷湿。

剪枝时应从过长枝条的基部剪断。

■ 基肥、追肥

基肥是掺在培养土中的肥料，通常使用效力持久。市售的培养土中多已掺入基肥，购买时请确认包装袋上的标示。若基肥效力不足，就需要追肥。追肥既可使用速效液肥，也可使用固态肥料（块肥）放在花盆里的土壤表面。液肥每7~14天施肥一次，块肥每30~40天施肥一次。

块肥应紧贴花盆边缘放置，尽量远离植株根部。

■ 换盆

种在一个花盆里长年不动的植物，其根部会塞满整个花盆，无法生出新根，导致生长变差。若有根伸出盆底或土壤表面，就说明需要换盆了。换盆时应避开植株孱弱的盛夏和严冬，并将植株移栽到大一号的花盆里。首先从花盆里拔出植株，用剪刀剪掉露在土球外面的杂根，整理干净后移栽到其他花盆里。若不希望植株过大，可以分株，或将根部修剪至1/3大小，再重新种在原来的花盆里。最后浇透水，直至水从盆底流出。

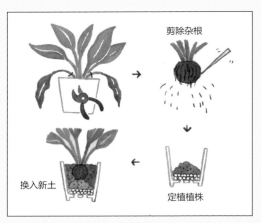

剪除杂根

换入新土

定植植株

整理枯萎的叶和根后换盆，能够促进生出新根，使植株重焕生机。

■ 病虫害防治

如果日照不足或通风不好，植株就会变得孱弱，容易发生病虫害。首先应该营造一个良好的环境，确保植株能够健康生长。一般来说，等到疾病或害虫的症状比较明显时再采取措施已经迟了，平时就应经常观察植物的状态，尽量做到及早发现。

青虫、蚜虫等害虫还能驱除，如果发生白粉病或灰霉病，则只能喷洒杀菌剂，防止疾病扩散。害虫驱除、疾病预防是护理的基本常识。近年来的园艺药剂种类众多，如喷雾剂、颗粒剂等，可根据症状和目的加以选择。使用前应先确认标签上的注意事项，考虑是否会对周围环境造成影响，喷洒时严格遵守规定用量。

园艺药剂种类众多，有不含农药的环保喷雾剂、能够同时防治病虫害的杀菌杀虫剂等。

叶片因日照不足而部分枯萎的示例。
损坏的叶应及时剪除，促进生出新芽。

给多肉植物的叶浇水后，在叶上有水的情况下直接接受日照，就会发生图示的晒伤。多肉植物应该只向土壤浇水。

开败的花和一、二年生草本植物怎样处理？
开败的花如果置之不理，就会结出种子，夺走营养成分。而且，凋落的花还可能引发疾病，所以过了观赏期的花（花柄）应该勤用剪刀从花茎上剪除，这样做有利于下次开花，能够长期观赏。三色堇、堇菜等一、两年生草本植物，花败后就会枯萎，所以一过开花期就应该挖出整株植株，做筛土处理。

常见问题 Q & A

很多园艺初学者经常失败，如不开花、叶枯萎等等。
针对这些护理、培育方面的常见问题，
下面就来为您答疑。

Q. 叶片变黄脱落

A. 可能是由根长满花盆引起的。如果是种在一个花盆里长年不动的植物，建议换盆。叶片变黄的原因可能是肥料不足、缺水或浇水过多导致烂根。重新检查日常护理方法也很重要。如果是刚刚购入不久的植株，突然从日照良好的场所移至背阴处，叶片也可能变色枯萎。如果是混栽，植株过于密集，通风就会变差，叶片可能因闷湿而变黄。在这种情况下，建议剪掉多余的枝条，改善通风环境。

Q. 浇水却不开花

A. 可能是由浇水过多引起的。如果土壤一直处于湿润状态，就会导致烂根，难以开花，因此应确认土壤干透后再浇水。绝大多数植物都需要充足的日照才能开花，如果日照不足，就应将花盆移至日照良好的场所，为植物营造一个健康生长的良好环境。如果叶很繁茂却不开花，可能是由施肥过多引起，这时应适度修剪叶片，减少追肥直至长出花蕾。

Q. 粘在叶片上的
　 灰尘不用清理吗?

A. 如果是在室内培育叶片较大的观叶植物，叶片很容易粘上灰尘，不仅妨碍光合作用，也会降低观赏价值，因此可用湿润的布轻轻擦拭，或者先用喷雾器给叶喷水，再用餐巾纸等擦去灰尘。如果花盆能够搬动，可移至阳台或室外，用喷壶从叶片上方充分浇水，冲走灰尘。注意不要忘记叶片背面。

Q. 观叶植物的茎
　 变得软趴趴

A. 可能是放在寒冷的场所引起的。观叶植物多不耐寒，冬季若将土壤仍处于湿润状态的花盆放在室外，夜间土壤温度急剧下降，就会冻伤根部，导致植物枯萎。此时应以给叶浇水为主，同时将植株移至室内，尽量防寒。此外也可能是浇水过多导致烂根引起，此时应停止浇水，直至土壤干燥，然后观察情况。

Q. 多肉植物变成褐色

A. 如果是叶变成褐色， 可能是被直射阳光晒伤所致。 虽然多肉植物性喜阳光， 但若长时间接受强光照射， 就容易晒伤叶片， 此时应将花盆移至明亮的背阴处， 静待恢复。 如果是茎变成褐色， 应确认植株的触感， 若感觉松软， 可能是因土壤过度湿润而导致烂根引起。 高温高湿的夏季应控制浇水， 放在通风良好的场所。

Q. 放在室内的观叶植物 被宠物咬伤

A. 不少草本花卉和观叶植物被猫狗吞吃后都会引起中毒， 如有球根的郁金香、 水仙， 以及一品红、 仙客来、 春羽、 龙血树等。 在宠物经常出入的场所， 最好不要放置观叶植物。 如果一定要在室内装饰中使用观叶植物， 可放在宠物碰不到的地方。如果引起中毒，请将植物名称告知兽医。

Q. 旧土还能再利用吗？

A. 使用园艺店销售的土壤再利用材料（混有木炭、 石灰、 肥料等的土壤改良材料）， 旧土也能轻松再使用。首先将旧土充分晾干， 除去杂草和枯根， 再暴晒消毒。 夏季晒1周， 冬季晒2周， 然后加入再利用材料， 混合均匀即可。旧土重新用于盆栽时， 应掺入等量的新培养土再使用。

Q. 外出旅行长期不在家怎么办？

A. 如果只有2～3天不在家， 通常可在托盘里蓄水， 或将花盆放在水桶里， 使1/3的花盆泡在水里。 最近还出现了一种胶状保水材料， 掺入水里浇在土上， 就能提高保水性。 如果是3～5天不在家， 可向PET瓶内注水， 在瓶盖上钻开小孔， 倒插在花盆土壤里， 或者使用市售的供水插头也很方便。 如果外出时间更久， 建议安装定时自动浇水机。

内 容 提 要

多肉植物，很久没浇水也能存活；空气凤梨，无须种植在土壤里，只要喷水就可以生长，不需特别照顾也能够活得很好，还能够吸收室内的甲醛、二氧化碳。

将萌货多肉植物、可以垂挂在空中的空气凤梨以及适合懒人栽种的观叶植物搭配玻璃瓶、铁丝框、木质家具等创意十足的容器，即便是园艺新手，也可以享受园艺之乐！忙得没时间照顾、总是忘记浇水也没关系，让日本园艺设计师教你如何用懒人植物营造出会呼吸的房子吧！

北京市版权局著作权合同登记号：图字 01-2014- 0956 号

GREEN TANIKUSHOKUBUTSU ARIPLANTS ARRANGE BOOK

© X–Knowledge Co., Ltd. 2013

Originally published in Japan in 2013 by X–Knowledge Co., Ltd. TOKYO,

Chinese (in simplified character only) translation rights arranged with

X–Knowledge Co., Ltd. TOKYO,

through CREEK & RIVER Co., Ltd. TOKYO

图书在版编目（CIP）数据

懒人植物园 ： 多肉植物、空气凤梨、观叶植物设计手册 / （日）胜地末子编著 ； 程亮译. -- 北京 ： 中国水利水电出版社， 2014.8 （2016.3重印）
ISBN 978-7-5170-2230-5

Ⅰ. ①懒… Ⅱ. ①胜… ②程… Ⅲ. ①观赏园艺 Ⅳ. ①S68

中国版本图书馆CIP数据核字(2014)第147686号

策划编辑：余楦婷	责任编辑：余楦婷	加工编辑：张 欣　封面设计：梁 燕

书　　名	懒人植物园：多肉植物、空气凤梨、观叶植物设计手册
作　　者	【日】胜地末子 编著　程 亮 译
出版发行	中国水利水电出版社
	（北京市海淀区玉渊潭南路 1 号 D 座　100038）
	网　址：www.waterpub.com.cn
	E-mail: mchannel@263.net（万水）
	sales@waterpub.com.cn
	电　话：（010）68367658（发行部）、82562819（万水）
经　　售	北京科水图书销售中心（零售）
	电话：（010）88383994、63202643、68545874
	全国各地新华书店和相关出版物销售网点
排　　版	北京万水电子信息有限公司
印　　刷	北京市雅迪彩色印刷有限公司
规　　格	184mm×260mm　16开本　8印张　102千字
版　　次	2014年8月第1版　2016年3月第2次印刷
印　　数	5001-10000册
定　　价	36.00元